大面阵数字航空摄影
原理与技术

Principle and Technology of
Omo-array Digital
Aerophotogrammetry

刘先林 邹友峰 郭增长 著

河南科学技术出版社
·郑州·

内容提要

本书是国内首部介绍大面阵数字航空摄影原理与技术的专著，重点阐述了大视场高精度几何标定理论和多中心投影影像单中心化理论，首创了大视场高精度几何标定技术，多中心投影影像1/5像元级的影像拼接技术，高精度数字航空影像获取飞行控制技术，新型云台稳定、内置检影、电动旋像技术，设计了大面阵数字航空摄影装备的整体研制方案。

本书可为从事大面阵数字航空摄影的研究人员和工程技术人员提供参考，也可供摄影测量专业的研究生、本科生参阅。

图书在版编目（CIP）数据

大面阵数字航空摄影原理与技术/刘先林，邹友峰，郭增长著 . —郑州：河南科学技术出版社，2013.7

ISBN 978 - 7 - 5349 - 6354 - 4

Ⅰ. ①大… Ⅱ. ①刘… ②邹… ③郭… Ⅲ. ①数字照相机 - 航空摄影 - 摄影技术 Ⅳ. ①TB869

中国版本图书馆 CIP 数据核字（2013）第 115543 号

出版发行：河南科学技术出版社

地址：郑州市经五路 66 号 邮编：450002

电话：（0371）65788624 65788613

网址：www. hnstp. cn

策划编辑：王向阳

责任编辑：王向阳

责任校对：张景琴

封面设计：张 伟

责任印制：朱 飞

印　　刷：河南省瑞光印务股份有限公司

经　　销：全国新华书店

幅面尺寸：210 mm × 285 mm　　印张：12.5　　字数：300 千字

版　　次：2013 年 7 月第 1 版　　2013 年 7 月第 1 次印刷

定　　价：168.00 元

前　言

地理信息产业是当前国内外的重大发展领域。大面阵数字航空影像是国家1∶500～1∶10 000地形图测绘、基础地理信息快速更新的主要数据源，其获取技术是实现信息化测绘的关键技术。长期以来，我国大面阵数字航空影像的获取完全依赖国外的仪器设备（如DMC、UCD、UCX等），这些进口设备价格昂贵、检测维修困难，存在测绘信息安全隐患；用于中小比例尺地形图测绘时，航高大，效率低，适合飞行的天数少；用于大比例尺地形图测绘时，高程精度低，不满足规范要求。这些情况严重制约着我国测绘地理信息产业的发展。

河南理工大学、中国测绘科学研究院、北京四维远见信息技术有限公司等单位产学研紧密合作，开展了10余年的攻关，研究了大视场高精度几何标定理论，多中心投影影像单中心化理论；攻克了大视场高精度几何标定技术，多中心投影影像1/5像元级的影像拼接技术，高精度数字航空影像获取飞行控制技术，新型云台稳定、内置检影、电动旋像技术；创新研制出国内首台大面阵数字航空摄影仪——SWDC（Si Wei Digital Camera）。研究成果从根本上改变了我国中小比例尺地形图测绘主要依靠胶片摄影、大比例尺地形图主要依靠野外测绘的作业方式；解决了无人区、极其困难地区的地形图测绘难题；打破了数字航空影像获取完全依赖国外仪器设备的局面，填补了国内空白；性能指标优于国外同类产品水平，提升了我国航空摄影测量的技术水平。

本书所涉及的研究工作先后得到了科技部 863 重点项目（2008AA121303），科技部中小型科技企业创新基金项目（02C26231100512），国家测绘局基础测绘研究项目（14601402024 - 01 - 02、14699906242 - 01 - 04），河南省科技攻关项目（0524220043），河南省基础与前沿技术研究计划项目（132300410118）和 2013 年度国家出版基金资助项目（天文学、地理科学类第 2 号项目）等的资助。撰写本书时，中国测绘科学研究院刘先林院士、河南理工大学刘昌华教授执笔第 1 章，河南理工大学李天子讲师执笔第 2 章，河南理工大学邹友峰教授、河南理工大学李天子讲师执笔第 3 章，安徽理工大学郭辉讲师执笔第 4 章，河南理工大学王宏涛讲师执笔第 5 章，河南理工大学郭增长教授执笔第 6 章。全书由刘先林、邹友峰、郭增长、刘昌华等统稿。中国测绘科学研究院王留召副教授、中国测绘科学研究院李健博士、河南理工大学王双亭教授等对本书的撰写给予了大力支持和帮助；中国测绘科学研究院、北京四维远见信息技术有限公司和北京天元四维有限公司的相关领导和研究人员，特别是北京四维远见信息技术有限公司的吴晓明、李峰、王成龙工程师和北京天元四维有限公司的吴文静工程师对数据的收集、处理做了大量工作；河南理工大学成晓倩、韩瑞梅在资料收集和文字整理中做了大量工作。在此向他们一并表示衷心的感谢！书中引用了一些单位和国内外许多科研人员、有关学者发表的文献，在此对所引用文献的作者表示感谢！

囿于写作水平，加之时间紧迫，书中难免存在一些差错或不妥之处，敬请广大同行和读者朋友批评指正。

作　者

2013 年 2 月

目　录

1 概述

1.1 研究目的和意义

1. 地理空间数据建设的需要

"数字中国""数字城市""数字国土"作为 21 世纪我国社会经济、资源环境可持续发展的一个重要战略思考，而地理空间数据是其规划、建设、管理、服务以及信息化的基础。当前最突出的问题是没有数据或没有准确的数据，并且由于认识、投入不足以及技术装备落后等原因，使空间基础数据的现势性非常差，基本地形图的更新周期超过10 年，造成经济建设和社会发展对数据信息的需求与现势性差的矛盾愈加突出。只有保持数据的现势性，才能够使各种信息系统成为实际可以使用的系统。因此，要改变这种状况，就需要在自主的数据信息获取技术支持下建立更加快速有效的数据信息更新机制。

2. 国外市场的冲击

数字航摄仪是数字航空摄影测量的关键设备，国外数字航摄仪的发展已经相当成熟，其独特的优势已经得到广泛重视并迅速拓展应用，形成了巨大的市场冲击力。我们如果进口一套这样的设备，目前至少需要 1 000 万元。只有研发拥有自主知识产权的新型数字航空摄影测量系统才能开拓我国的数码航空遥感领域。

3. 国家航空遥感技术体系建设的需要

航空与航天遥感不可相互替代。发展数码航空遥感系统可以实现低成本、快速获取高分辨率数字航空遥感数据，弥补传统航空遥感技术系统的不足，促进航空摄影技术由专业型向普及型转化，对建设我国航空遥感技术体系来说是完全必要和现实的。

4. 摄影技术和航空摄影技术发展的必然

数码摄影机具有体积小、重量轻、高分辨率、高几何精度等优点，并且对天气条件要求不再苛刻，能够在阴天乌云下摄影。数码摄影机独特的优势使其经济效益远优于传统航空遥感器。

5. 巨大市场需求的驱动

新型数码航空摄影测量可应用于地形测绘，资源、生态环境调查、监测与评估，城乡规划与建设，重大工程建设等领域。我国幅员辽阔，从总量上看，无论现有的需求和潜在的应用，都具备相当大的规模，如此巨大的市场驱动着新型数码航空摄影测量的研究与应用。

1.2 国内外研究现状

众所周知，我国获取航空影像长期使用的是传统模拟航空航摄仪。该航摄仪存在以下缺点：

（1）胶片的动态范围小，航摄质量低，并且要用大型扫描仪进行影像扫描数字化，从而导致影像的几何精度低，影像数据获取周期长等问题。

（2）对天气等自然条件的依赖性强，这样很难从根本上保证测绘数据生产的时间需求。

（3）传统的航测作业单位按工种分为大地测量队、航空摄影队、航测外业队、航测内业队以及制图队［GIS（Geographic Information System，地理信息系统）中心］等，从而导致了航测作业的条块分割和集约化程度低、生产效率低下、产品数据的生产周期长等问题。

（4）航测生产装备硬件落后，软件的智能化、自动化程度不高，基本上是手工作业模式。

大面阵数字航摄仪的开发是个复杂的系统工程，依赖于性能良好的大面阵数码摄影机的发展，高精度几何标定技术的成熟，多中心投影单中心化理论的研究和技术实现以及航摄仪辅助设备的完善。鉴于国内外对航空摄影的大量需求，数字航空摄影原理和技术在国内外展开了广泛的研究，并取得了一定的成果。

1.2.1 国内研究现状

我国航空摄影技术装备总体水平落后，特别是在数字航摄仪方面，研究更少。中国测绘科学研究院等单位，在小数码低空摄影测量、无人机技术、飞艇应用于低空遥感等方面开展了研究工作，并取得了一定的成果。

图 1-1 所示为中国测绘科学研究院研制的数字航摄仪 LAC。LAC 航摄仪由四个带 24 mm 镜头的 Canon EOS 5D 数码单反摄影机在设计严密的轻质机械架构上组合而成，最大像素可达 6 400 万，而最大视场角可为 124°×100°。LAC 航摄仪组合原理是：将 4 台摄影机绕一个假定主轴按一定的方位对称布置，并且四台星级主光轴均通过主轴上某一点 S，当摄影机同步曝光成像后，将 4 台摄影

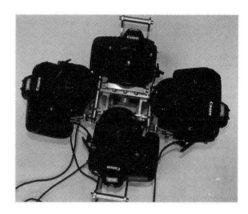

图 1-1 航摄仪 LAC

机所得像片按相对方位根据共线方程反投影到以点 S 为投影中心的虚拟成像面上进行拼接，从而得到最终的大幅面像片。它与单台 Canon 5D 摄影机的参数比较如表 1-1 所示。

表 1-1 Canon 5D 摄影机与 LAC 航摄仪参数比较

指标参数	Canon 5D 摄影机	LAC 航摄仪
最大像幅（像素）	4 368×2 912	11 750×5 504
像元总数（万像素）	1 280	6 400
最大视场角（°）	72×52	124×100
焦距（mm）	24	24

LAC 航摄仪虽然相比单台摄影机面阵增大了近 4 倍，但相对于国外大面阵航摄仪，只有其面阵的 3/5 左右，航测效率相比则大大降低，难以满足我国大面积航空摄影的需要。国内其余单位采用的数字航摄仪，仅对单个摄影机检校固定，具体参数可参考摄影机本身参数，这里不再赘述。

另外，我国小面阵航空摄影测量采用无人机等平台进行航空摄影，存在作业效率

低、飞机动态范围大、数据处理困难、空中三角测量精度低、不能在城市上空作业等问题，限制了小面阵航空摄影测量的发展，可惜目前国内还没有大面阵航空摄影仪的研究报道。

1.2.2 国外研究现状

更大面阵的 CCD（Charge – Coupled Device，电荷耦合器件）技术在国外已经成熟，并成功应用于专业数字航摄仪。下面介绍目前国外的三种数字航摄仪。

1. ADS（Airborne Digital Sensor）系列数字航摄仪（数字航空摄影仪系统）

ADS80 型传感器由瑞士 Leica（徕卡）公司与德国宇航中心（DLR）联合研制，2000 年 7 月在阿姆斯特丹的第 19 届国际摄影测量与遥感大会上首次推出，如图 1 - 2 所示。

ADS80 型传感器采用线阵列推扫成像原理，能同时提供 3 个全色与 4 个多光谱波段的数字影像，其全色波段的前视、下视和后视影像能构成 3 对立体，以供观测；摄影机上集成了 GPS（Global Positioning System，全球定位系统）和惯性测量装置 IMU（Inertial Measurement Unit），可以为每条扫描线提供较准确的外方位初始值，可以在四角控制或无地面控制的情况下完成对地面目标的三维定位。

图 1 - 2　ADS80 型传感器

它的主要技术参数如下：

（1）CCD 像元。全色波段 $2 \times 12\,000$ 像元，交错 3.25 μm 排列，蓝、绿、红和红外波段为 12 000 像元，像元大小为 6.5 μm。

（2）摄影机焦距为 62.77 mm；光圈号数为 4；视场角为 64°；立体成像角为 16°、24°和 42°；在 3 000 m 航高时，地面采样间隔（Ground Sample Distance，GSD）达到 16 cm，扫描条带宽 3.75 km。

（3）辐射分辨率为 8 bit，数据记录为 12 bit 灰度等级。

（4）光谱范围为 420 ~ 900 nm。

（5）1.5 ~ 25 倍数据压缩率。

（6）可以移动的、抗震的硬盘存储器容量为 900 GB。

2. DMC 数字航摄仪

DMC 数字航摄仪是由德国 ZEISS 公司和美国 Intergragh 公司共同研制的，如图 1-3 所示。

DMC（Digital Mapping Camera，数字成图摄影机）是由 8 个独立的 CCD 摄影机整合为一体的，解决了单个 CCD 成像尺寸不足的问题。这 8 个单独的摄影机模块都具有单独进行任务处理的能力，各自拍摄中心投影影像。其全色信道包括了 4 个 7k × 7k 的 CCD 芯片和焦距 120 mm、光圈号数 4 的高分辨率光学物镜，影像分辨率为飞行方向 7 680 像素、垂直于飞行方向 13 824 像素。为了同时获取真彩色和假彩色影像，摄影机的电子单元

图 1-3　DMC 航摄仪

合成了 4 个多光谱通道，每个彩色影像使用一个单独的、最小光圈号数为 4、焦距为 25 mm 的广角物镜，和一个 3k × 2k 的 CCD 芯片，还有一个基于无机材料的高品质滤镜。CCD 均采用全尺寸传感器，单个像素的尺寸是 12 μm × 12 μm，提供高线性动态范围。由于这 8 个摄影机模块使用各自的物镜，所以比起只配一个大口径的物镜而言，DMC 形成的最终整幅图像具有更高的影像质量。

3. UltraCam - X（UCX）数字航摄仪

UCX［UltraCam - D（UCD）的升级型号］数字航空摄影仪由奥地利 VEXCEL Image 公司研制，如图 1-4 所示。

图 1-4　UCX 数字航摄仪

UltraCam 系统采用面阵 CCD 传感器件，由 4 个全色波段物镜、4 个多光谱波段物镜组成，其主要产品的技术参数如表 1-2 所示。

表 1-2　UCX 和 UCD 数字航摄仪主要技术参数的比较

技术参数	UCX	UCD
全色像元尺寸（mm）	7.2	9
全色影像像素总数	11 430 × 9 420	11 500 × 7 500
面阵尺寸（mm）	104 × 68.4	103.5 × 67.5
全色物镜焦距（mm）	100	100

技术参数	UCX	UCD
最小光圈号数	5.6	5.6
旁向视场角（航向）（°）	55（37）	55（37）
彩色（多光谱性能）	四通道 R、G、B 和 NIR	四通道 R、G、B 和 NIR
彩色像元尺寸（μm）	7.2	9
彩色影像像素总数	4 992×3 328	4 008×2 672
彩色物镜焦距（mm）	33	28
彩色物镜最小光圈号数	4	4
彩色影像的旁向视场角（航向）（°）	55（37）	65
可选快门速度（s）	1/500～1/32	1/500～1/60
像移补偿（FMC）	时间延迟整合（TDI）控制	时间延迟整合（TDI）控制
最大像移补偿性能（像素/s）	50	50
航高 300 m 时像元地面采样间隔（cm）	2.2	3
辐射精度	14 bit 灰度等级	＞12 bit 灰度等级

长期以来，我国大面阵数字航空影像获取完全依赖这些国外的航摄仪，但它们存在如下缺点：

（1）设备价格昂贵，检测维修困难，存在测绘信息安全隐患。进口设备价格高达1 000万～1 500 万元，使航空对地观测属于"贵族"式的高技术，一般只能为省市级以上的单位掌握与应用。

（2）用于中小比例尺地形图测绘时，航高高，适合飞行的天数少；国外航摄仪的焦距均为100 mm，获取超过30 cm GSD 的影像，航高需在2 500 m 以上，航摄天气寻找困难。

（3）用于大比例尺地形图测绘时，高程精度低。其高程精度一般为 GSD 的 2～3倍，不满足相应规范的要求。

因此，我国有必要研制适应国内需求、拥有自主知识产权的航摄仪。

1.3 研究内容

为解决大面阵数字航空影像获取的关键技术，满足国家测绘地理信息产业发展要求，保障测绘地理信息安全，本课题组通过产学研紧密合作，通过 10 余年的研究攻关，攻克以下关键理论和技术：

1. 研究大视场、高精度几何标定理论和技术

由于我国大面阵数码摄影机的制造技术尚处于空白，也不具备生产大面阵量测型数码航摄仪的能力，本项目采用非量测摄影机代替量测摄影机，但非量测摄影机存在着机械稳定性差、内方位元素不确定、影像几何畸变大等问题。研究几何标定理论，通过严密的数学模型对影像实施畸变改正，可使非量测摄影机的几何精度达到了昂贵的专业量测型摄影机的水平。首创了大视场、高精度几何标定技术，对摄影机进行精密检校，使检校畸变残差仅为微米量级，经过改正和拼接后的影像除主距以外的内方位元素全部为零。

2. 研究多中心投影影像单中心化理论和技术

受制造技术工艺的限制，单个面阵 CCD 摄影机的像元数少，像幅覆盖地面面积小，用单个面阵 CCD 摄影机完成数字航空影像获取任务时，像片数量多，高程精度低，测绘成本大。本项目采用多拼接摄影机获取大面阵影像，发明大面阵数字影像的多摄影机组合结构，研究多中心投影影像单中心化理论，创立 1/5 像元级影像拼接技术，使一次曝光获取影像的像幅约为单一像幅的 4 倍，实现由多个小面阵影像生成单一大面阵影像的技术突破。

3. 首次研制出高精度数字航空影像获取飞行控制器

在影像获取过程中，摄影机是否在预定点曝光是关系到影像能否符合航向重叠度和旁向重叠度要求的技术关键；受气流影响，飞机不能严格按照设计航线飞行，如不及时修正，获取的影像就不能满足测绘需要。本项目创新研制出数字航空影像获取飞行控制器，控制曝光点平面位置最大误差小于 2 m，实现定点获取数字航空影像的技术突破。

4. 研制内置检影、云台稳定、电动旋像等装置，实现摄影机水平姿态与旋偏角的

自动控制

航摄仪受起飞前校准、飞行气流、飞行技术等因素的影响，使像片航向、机头指向和实际飞行方向不一致，且有横滚和俯仰角，如果不进行纠正，将会严重影响影像质量。云台稳定装置采用悬挂式重力云台结构，减弱了航摄仪的俯仰和侧滚影响，实现对航摄仪水平姿态的自动控制。内置检影装置，采用视频检影单元与成像单元的一体化设计，确保检影与摄影范围的一致性；对飞机飞行方向和摄影机航向的一致性进行实时判断，并向电动旋像装置提供航摄摄影机实际旋偏数据。电动旋像装置配合使用内置的视频检影装置，可以方便地修正摄影机的旋偏角，确保航摄飞行质量。

5. 创新研制出国内首台大面阵数字航空影像获取航摄仪，填补国内空白，实现数字航空影像获取装备的国产化

我国中小比例尺航摄主要依靠胶片航摄仪，存在着受天气影响大等较多缺点；大比例尺航摄主要依靠进口的航摄仪，不适应我国的基本情况。本研究项目通过对数字航空影像获取关键技术的研究及一系列技术难题的突破，研制出大面阵数字航空影像获取航摄仪，开发出配套的航空影像数据处理软件。本成果装备所获取影像的像素数、视场角等整体性能指标达到国际先进水平，高程精度、可更换不同焦距镜头技术处于国际领先水平。

本研究项目完成后，在对获取数据的后处理方面，与国内外传统的航空摄影测量数据处理技术具有相当的成熟完善程度，在光学处理、数字化以及专题制图等方面具备先进的软硬件条件。虽然发达国家在航空摄影测量仪器设备和处理软件上更为先进和高度集成，但经过此前多年的积累，国内航空摄影测量的基础条件比较好，人员和设备具有一定规模，并制定了成体系的生产技术规程和产品标准，国产有关软件也成系列，满足了国内需求。因此，与发达国家相比较，我国航空摄影测量数据处理技术的差距不是很大，通过引进关键部件，经过研究，可以完全自主实现基于国内现有技术的数码航空影像的后处理和应用。因此，本研究成果对形成我国拥有自主知识产权的完整技术链起到至关重要的作用。

2 非量测数码摄影机的检校

摄影测量是利用摄影机获取影像，经过一系列的处理，以获取被摄物体的形状、大小、位置、特性和相互关系的一门科学。其解算的基础是像方坐标、摄影中心和相应物方坐标满足共线方程。由于数码摄影机存在系统误差，像点、投影中心和相应的物点三者间满足的共线方程遭到破坏。摄影机检校的目的就是确定摄影机的内方位元素和系统误差参数，并应用这些参数使像点恢复到理想位置。

2.1 数码摄影机的特性

数码摄影机是数字摄影中最关键、最灵活的输入设备，用它可以将世间万物（无论其形态、大小多么不同）轻而易举地拍摄，然后变成计算机可直接处理的数字文件。数字影像的发展主要表现为数码摄影机的飞速发展，而数码摄影机的发展最显著的特征是质量和档次的迅速提高。

2.1.1 数码摄影机的成像原理

数码摄影机就是采用影像传感器来形成影像的模拟电流信号，经过模拟/数码转换处理后记录在影像存储卡上，形成数码影像文件。当前主流的影像传感器有 CCD 和 CMOS（Complementary Metal Oxide Semiconductor，互补性氧化金属半导体），其质量是决定数码影像质量的关键因素。

1. CCD

CCD 是由几百万只微型光电二极管构成的固态电子元件，通常排列成小面积的长方形，用于在摄影机中接收进入镜头的成像光线。在 CCD 的数百万只光电二极管中，每只光电二极管都能记录下投射到它表面的光线强度，每只光电二极管即为一个像素。

CCD 本身只能记录光线的强弱，无法分辨颜色。CCD 采用以下三种方式记录彩色影像。

（1）利用红、绿、蓝或黄、品红、青滤光器，采用加色法或减色法原理来记录彩色影像。具体地说，目前多数数码摄影机采用的彩色合成方法是：在一块 CCD 上同时进行三种单色光（红、绿、蓝或黄、品红、青）的记录。这种方式的实现是在每只光电二极管上都采用滤光器，使对应的二极管上只能记录单色光。光线的过滤是靠带有颜色的染料来实现的。这些染料构成了颜色过滤方阵。

其具体做法是覆盖 RGB 红绿蓝三色滤光片，以 1∶2∶1 的比例由四个像点构成一个彩色像素，即红蓝滤光片分别覆盖一个像点，剩下的两个像点都覆盖绿色滤光片。采用这种比例的原因是人眼对绿色较为敏感。

（2）采用三块 CCD，每块 CCD 都有自己的单色滤光器（或利用棱镜等光学器件把混合光分成三种单色光），分别只负责记录一种单色（红、绿、蓝或黄、品红、青）。这种彩色记录和还原能力最为精确，但体积较大、成本较高。所谓采用"3CCD"就是指这种彩色合成和记录方式。

（3）用同一块 CCD，拍摄时采用三次分别曝光的方式，每次采用一种单色滤光器记录一种颜色的光线。这种方式的成本不高，色彩还原效果理想，但曝光过程较慢，不适合记录动态被摄体。

2. CMOS

CMOS 和 CCD 一样同为在数码摄影机中可记录光线变化的半导体。CMOS 的制造技术和一般计算机芯片的制造技术没什么差别，主要是利用硅和锗这两种元素所做成的半导体，使其在 CMOS 上共存着带 N（带负电荷）和 P（带正电荷）级的半导体，这两个互补效应所产生的电流即可被处理芯片记录和解读成影像。CMOS 是一种较有发展前途的传感器。

与 CCD 相比较，CMOS 的主要缺点有：噪声较大，容易在数码影像上引起杂点；灵敏度低；在传输结果上，CMOS 传感器捕捉到的图像内容不如 CCD 传感器的丰富，图像细节丢失严重。但是，CMOS 在其他方面却占有一定的优势。这些优势集中体现在以下几个方面：

（1）CMOS 传感器容易制造，成本远低于 CCD 产品。CMOS 传感器采用标准的 CMOS 半导体芯片制造技术，很容易实现大批量生产，加上 CMOS 的每个感光元件相互独立，即使有若干个元件出问题，也不会影响传感器的完整性。

而 CCD 传感器采用电荷传递的方式传送电信号，只要其中一个感光元件无法工作，信号传输便无法继续，一整排的图像信号因此缺失，情况严重的话将导致整个传感器芯片因此报废。

显然，CMOS 的成品率要比 CCD 高出许多，这就决定了 CMOS 在制造成本方面拥有绝对的优势，其售价可做到只相当于同级 CCD 的 1/3 左右。

（2）CMOS 传感器可轻松实现较高的集成度。由于采用半导体工艺制造，制造厂家可以将时钟发生器、数字信号处理芯片等周边电路与 CMOS 传感器本身整合在一起，从而实现整个图像捕获模块的小型化，有效降低设计难度，同时设计出体积更小的图像捕获装置。

而 CCD 传感器就无法实现这一点，由于制造工艺不同，CCD 传感器本体与周边电路无法整合，必须以独立的方式存在，平台设计难度大，也无法实现整个模块的小型化，应用弹性远无法与 CMOS 相比。

（3）CMOS 传感器采用主动式图像采集方式，感光二极管所产生的电荷直接由晶体管放大输出，这种做法虽然导致严重的噪声，但使 CMOS 传感器拥有超低功率的优点。而 CCD 传感器的图像采集方式为被动式，必须借助电压才能让每个感光元件中的电荷移动，这个外加电压的强度通常都达到 12~18 V，从而导致 CCD 传感器在工作中需要耗费较多的能源（最高可达同规模 CMOS 传感器的 10 倍之多），发热量也明显高于 CMOS 产品。由于需要外加电压，CCD 传感器就需要包括电源在内的电源管理电路，设计难度自然远高于 CMOS 产品。

综上所述，CMOS 在制造成本、功能集成、功耗特性等三方面比 CCD 有一定的优势，而 CCD 在捕光灵敏度、像素规模及噪声控制等方面优于 CMOS。随着科学技术的飞速发展，近年来 CMOS 的成像品质获得飞跃性的提高，大尺寸高端产品达到与 CCD 相当的水平，中小尺寸产品的品质也得到了明显的改善。而这一切得益于 CMOS 传感器领域出现的新技术：通过增大传感器尺寸，增强摄影机的光学输入能力，成功解决了

CMOS 传感器捕光灵敏度弱和分辨率低的难题；面对 CMOS 噪声较为严重的问题，各制造厂家通过对放大器逻辑进行改进，引入专门的降噪技术等措施很好地缓解了噪声现象，最终使之达到不逊于 CCD 的水平。

鉴于 CMOS 噪声比 CCD 高，为提高航空摄影质量，我们采用了 CCD 摄影机作为大面阵航空摄影的摄影机，本研究大面阵航摄仪的生产采用 H1D～H3D 系列 CCD 数码摄影机。

3. 其他新型传感器

除了 CCD 和 CMOS 之外，应用于数码摄影机中的新型传感器还在不断研发之中，已经应用于数码摄影机的有 "JFET LBCAST" "Foveon X3" 和 "Live MOS"。

（1）JFET LBCAST

JFET LBCAST 是尼康公司在 CMOS 的技术基础上开发的新型传感器，首先用于尼康 DZH 单反数码摄影机。其主要优点是成像的速度快、噪声小、功耗低。

采用该传感器的尼康 DZH 摄影机的连拍速度可达每秒 8 幅图面。它的噪声约是通常 CCD 的 5% 左右，耗电约是通常 CCD 的 15% 左右。该传感器在尼康 DZH 摄影机上的像素是 400 万，对于单反数码摄影机来说，还有待提高。

（2）Foveon X3

Foveon X3 是美国的 Foveon 公司开发的图像传感器。它采用了类似传统彩色片的感光原理，利用硅特有的能对色光分离的特性（当硅接收光线时，其表层只吸收蓝光，中层只吸收绿光，下层只吸收红光），被摄体反射的各种色光被分解为不同比例的红、绿、蓝色光，分别被传感器中位于硅不同深度的像素吸收。这种传感器的主要特点是色彩还原的真实度高，色彩深度优异。Sigma（适马）公司的 SD10 单反数码摄影机的传感器就是 Foveon X3。

（3）Live MOS

Live MOS 是日本奥林巴斯公司开发的图像传感器，首先用于奥林巴斯 E－330 单反数码摄影机。它的优点是简化了寄存器和其他电路，使 CCD 感光二极管的感光面积更大，提高了灵敏度和响应速度；新型的光电二极管读出传输机制，将电路通道的数量减少到两条（同 CCD 感光器件），从而使不参与感光的区域变小。有效地扩大感光区域，使捕捉光线的能力增强，在保证了高灵敏度的同时保证了画面质量。

2.1.2 数码摄影机的性能指标

2.1.2.1 数码摄影机与普通摄影机的区别

（1）用 CCD（CMOS）代替胶片感光。对于数码摄影机而言，拍摄并不需要胶片，而是用 CCD（CMOS）进行"感光"，如绝大多数数码摄影机，在普通摄影机中胶片感光的位置装置 CCD（CMOS）芯片。胶片和 CCD（CMOS）相比，两者在感光的本质上不一样，胶片感光是形成以银为中心的潜影，而 CCD（CMOS）感光是将光信号转变为电信号。

（2）用存储器代替普通胶片存储影像。普通摄影机中的胶片不仅感光，而且肩负着记录影像的使命，而数码摄影机中的 CCD 只是负责将光信号转为电信号，本身并不存储影像，存储影像靠各类存储器来完成。胶片拍摄后就不能再用于拍摄，但数码摄影机用的存储器可以反复使用。

（3）数码摄影机无胶片传输机构，拍摄时噪声小。

（4）与传统胶片摄影机相比，数码摄影机的电路更为复杂。

（5）数码摄影机上有与计算机连接的接口，还有视频输出插口。

（6）许多数码摄影机有白平衡装置。

2.1.2.2 数码摄影机的特殊性能指标

数码摄影机虽然属于摄影机的范畴，但又与人们非常熟悉的胶片摄影机有着很大的差别。因此，衡量数码摄影机的性能优劣与档次高低，应当包括两个方面的内容：一方面，性能指标与普通胶片摄影机相同，如曝光方式、测光方式、测光元件种类、测光范围、快门速度范围、曝光补偿方式、曝光补偿范围、取景器种类、对焦方式、光圈调节范围、自拍形式、自拍延时时间、物镜焦距等；另一方面，又有着特殊的性能指标，如分辨率、彩色深度、镜头焦距与数码变焦、相当感光度、数码噪声、白平衡调整方式、存储器种类、存储能力、压缩方式、压缩比例、连拍速度、信号传递方式、取景显示方式等。了解各特殊性能指标的含义，对于正确使用数码摄影机关系重大。下面分别叙述这些特殊的性能指标。

1. 分辨率

分辨率是指数码摄影机中 CCD（CMOS）芯片上像素数的多少，像素越多，分辨率越高。分辨率的高低直接影响数码摄影的影像质量，也决定了拍摄的数字文件最终能打印出高质量画面的幅面大小，这是数码摄影机最重要的性能指标。

在 CCD 上组成画面的最小单位称为像素。像素数量的表示有三种方法：一是采用像素阵列表示法，如柯达 DCS200 型数码摄影机的像素为 1 524×1 012；二是采用像素总量表示法，如上述柯达 DCS200 型数码摄影机的像素总数为 1 542 288，即约 154 万像素；三是采用每平方英寸（1 in＝2.54 cm）面积内含多少像素表示法，简称 dpi（dots per inch），如 300 dpi 指每平方英寸含 300 个像素。很明显，等量画面上，像素数量越多，构成影像的清晰度等技术质量也越高。像素数量是衡量数码摄影机影像分辨率的关键因素。因此，数码摄影机的性能规格中都会首先注明其像素数量情况。

对于不同档次的 CCD，单个像素的大小不相同。例如，柯达 DCS200 型摄影机的单个像素的量值为 9 μm×9 μm；而 DCS100 型摄影机的单个像素的量值为 16 μm×16 μm。很明显，单个像素的量值越小，越有利于提高影像的清晰度。

值得注意的是，根据像素总量及单个像素量值来比较数码摄影机的影像质量时，不要混淆像素的 dpi 数与像素总量的概念。像素的 dpi 数是单位面积的像素量，因而可以直接相比较。而比较像素总量时，需要留心 CCD 的面积是否有差异，否则会产生错误。

数码摄影机中 CCD 的面积不仅与成像质量有关，而且直接影响物镜的成像范围。常规 135 摄影机的画幅是 24 mm×36 mm，135 数码摄影机中 CCD 的几何尺寸也应该为 24 mm×36 mm，这样就吻合了 135 摄影机的成像视角。但是，由于技术上的原因，135 数码摄影机中的 CCD 的面积大大小于常规 135 摄影机胶片画幅，这就意味着物镜的有效视角明显减小。例如柯达 DCS200 摄影机，因其记录影像的 CCD 的有效面积为 9.3 mm×14 mm，使用 50 mm 标准物镜时，只相当于常规摄影机上使用 125 mm 物镜所摄取的景物范围。

数码摄影机像素水平的高低与最终所能打印的一定分辨率的照片的尺寸有关，可以用以下方法简单计算：假如彩色打印机的分辨率为 N dpi，则水平像素为 M 的数码摄影机所拍摄的影像文件，可打印出照片的最大长度为（$M \div N$）in。例如，打印机的分辨率为 300 dpi，水平像素为 3 600 的数码摄影机所摄图像文件在不进行插值处理的情况下能打印出来的最大照片长度为 12 in（3 600÷300＝12）。当然，如果进行插值处理或以较低的分辨率打印，打印出来的最大照片尺寸可以相应增大。

需要说明的是，低像素数码摄影机所拍摄的数字影像文件，如经适当的插值处理，能打印出较大幅面的图片，但清晰度往往难以尽如人意，尤其是细节表现将非常低劣。因此，像素水平越高，所制作同样大小画面的清晰度越高，细节表现越好，色彩还原越逼真。

2. 彩色深度

彩色深度即色彩位数，用位或比特表示。数码摄影机的彩色深度指标反映了数码摄影机能正确记录的色调有多少，彩色深度的值越高，越能真实地还原亮部和暗部的细节。一般数码摄影机采用每种原色 8 ~ 12 bit 的彩色深度，即 3 种原色中的彩色深度为 24 ~ 36 bit。例如，24 bit 颜色深度可记录的影像色彩种类高达 1 600 多万种，可以充分体现被摄体的色彩及其亮部和暗部的层次、细节。

3. 物镜焦距与数码变焦

（1）物镜焦距

大多数数码单反摄影机用于成像的影像传感器（CCD 或 CMOS）的面积要远远小于 135 摄影机胶卷的 24 mm × 36 mm 的画幅，当将这种画幅的 CCD 装于数码单反摄影机的焦平面时，落在 CCD 上的像只占物镜成像的一部分，即 CCD 上实际感光面积比物镜的成像区域要小，就相当于同一物镜在这些数码单反摄影机上使用与在普通 135 单反摄影机上使用相比，"焦距延长"了，而且物镜"焦距延长"的倍数在不同的数码摄影机上是不同的（注意：这里所谓焦距延长只是一种形象性的说法，并不严密、准确。因为对一只定焦距物镜而言，实际焦距是一定的，并不会因为在它后面的承影物小了而延长）。一般而言，CCD 的实际尺寸比 135 摄影机胶片标准画幅的尺寸小得越多，物镜"焦距延长"的倍数就越大。比如，柯达 EOS DCS3 摄影机的 CCD 尺寸为 16.4 mm × 20.5 mm，物镜"焦距延长"的倍数为 1.6；柯达 DCS460 摄影机的 CCD 尺寸为 18.4 mm × 27.6 mm，物镜"焦距延长"的倍数为 1.3；柯达 DCS420 摄影机的 CCD 尺寸为 14 mm × 9.3 mm，物镜"焦距延长"的倍数为 2.5 等。物镜"焦距延长"后带来的好处是可将焦距较短的物镜当作远摄物镜使用，如焦距为 200 mm 的物镜，装在柯达 DCS420 摄影机上后，其视角类似于 500 mm 物镜的视角。这给体育摄影带来极大方便，但是取景不便，也存在普通广角物镜在数码单反摄影机上摄取角不广的缺点。为解决这些不足，在有些品牌的数码单反摄影机（如富士 DS505、DS515、尼康 E2S 等）中，将尺寸较小（为 1/2 in）的 CCD 后移，在焦平面与 CCD 之间加一块透镜，使数码单反摄影机可记录从取景器中所看到的全幅影像，使所看即所拍，同时使感光速度有所提高。但这样处理后，在使用部分物镜时会使四周影像的清晰度下降，出现晕影效果，而且使物镜最大光圈变为 $f/6.7$ 以下，对要用大光圈虚化背景的拍摄极为不利。显然，使用目前尺寸 CCD 的数字单反摄影机都不是十分理想，最理想的是将 CCD 的面积增大至 135 摄影机胶片的标准画幅大小。

所有轻便数码摄影机中所用的 CCD 的尺寸比 135 摄影机胶片的标准画幅小。轻便数码摄影机的物镜都是为配用相应的 CCD 而专门设计的，这导致了在轻便数码摄影机中与 135 摄影机上具有同样视角物镜的焦距都比 135 摄影机上的物镜焦距小很多，而且 CCD 尺寸越小，这种差别就越大。

绝大多数拍摄者对 135 摄影机中广角物镜、标准物镜、远摄物镜等的焦距划分较为熟悉，因此，数码摄影机在给出物镜焦距的同时，还给出了相当于 135 摄影机物镜的焦距值，以便人们了解数码摄影机镜头的性能，如摄取范围、所拍摄画面的透视感强弱等。例如，奥林巴斯 C - 3000 数码摄影机的焦距范围为 6.5 ~ 19.5 mm，相当于 135 摄影机的 32 ~ 96 mm 物镜；奥林巴斯 E - 10 数码摄影机的焦距范围为 9 ~ 36 mm，相当于 135 摄影机的 35 ~ 140 mm 物镜。从轻便数码摄影机的焦距值以及相当于 135 摄影机物镜焦距的值，人们就可以大致推算出轻便数码摄影机中 CCD 芯片的感光面积。

（2）数码变焦

变焦物镜是传统摄影机常用的物镜。其焦距可以在一定幅度内调节，使摄影者根据拍摄范围的需要，只要简单地调节物镜焦距即可。如同传统摄影机，数码摄影机也有定焦物镜和变焦物镜之分，其功能和调节方法也相同。这种变焦物镜的变焦可称为"光学变焦"。

在有些数码摄影机上，除了具有光学变焦的变焦物镜外，还增加了一种"数码变焦"的功能。数码变焦实质上是在物镜原视角的基础上，在成像的 CCD 影像信号范围内，截取一部分影像进行放大，使影像达到充满画面的效果。例如，物镜焦距为 40 ~ 100 mm 的数码摄影机，当使用 100 mm 焦距拍摄时，如果它具有 2 倍数码变焦功能，那就意味着实际产生 200 mm 的焦距的成像范围。这种 200 mm 焦距的成像范围实际上是在 100 mm 焦距的成像范围内截取一部分而已。不难理解，当把它放大成一定尺寸的照片时，就容易发现，采用数码变焦的效果不如未经数码变焦的效果。这就如同传统摄影中，将底片剪裁一部分的放大效果，会明显不如整幅底片不经剪裁的放大效果。

当然，如果对影像清晰度要求不高，数码变焦能使人享受远距离摄影、长焦距镜头拍摄的乐趣。此外，对不采用电脑处理数码影像的拍摄者，数码变焦能有助于在较远的距离拍摄到较大成像比例尺的影像。

4. 相当感光度与数码噪声

（1）相当感光度

对于传统摄影机来说，摄影机本身不存在感光度的概念，感光度只是感光材料在一定的曝光、显影、测试条件下对于辐射能感应程度的定量标志。传统摄影机具有的感光度调节功能是服务于胶片感光度的。但是，由于与普通摄影机不同，数码摄影机包含了用于接收光线信号的 CCD，对曝光多少就有了相应的要求，即感光灵敏度高低的问题。这就相当于胶片具有一定的感光度，因此数码摄影机就有了"相当感光度"的说法。

所谓"相当感光度"，就是指"相当传统胶片的感光度"。采用"相当感光度"而不直接采用"感光度"的概念，是因为数码摄影机中影像传感器的"感光度"概念并非完全指它对光线的敏感性能。数码摄影机改变感光度拍摄，实际上并没有影响影像传感器本身。拍摄时影像传感器产生的信号在进行模/数转换前需要放大。当提高感光度拍摄时，影像传感器输出的信号并没有改变，改变的是信号的放大倍率。

传统胶片的影像质量通常是与感光度成正比的，感光度高的影像质量差些，感光度低的影像质量好些。这种影像质量的内涵主要是指清晰度和色彩还原效果。这种影响在数码摄影机上也类似。在同一数码摄影机上，采用高感光度拍摄的影像质量要差些。这是由于当提高感光度拍摄时，会引起更多的"噪声"。噪声的增多是由传感器的信号被放大时，干扰性的电流也被放大造成的。"噪声"在画面上的表现是杂点增多。降低噪声性能是数码摄影机的重要性能之一。高性能数码摄影机采用较高"相当感光度"的拍摄效果，往往比低性能数码摄影机采用同样的"相当感光度"的拍摄效果要好些。

有的数码摄影机的"相当感光度"是不能人为调节的，有的则可以在一定范围内手动调节，如柯达 4800 数码摄影机的相当感光度可在 ISO100、ISO200 和 ISO400 三种之间手动调节。而不能手动调节的相当感光度多半在 ISO100 左右。

（2）数码噪声

数码噪声简称"噪声"，又称"信噪"。从根本上说，噪声是由于电子信号的错误（或称干涉）所产生的可见效果，表现在数码影像上是影像上有杂点。影响数码摄影机噪声效果的主要因素有以下 5 个方面：

1）数码摄影机本身元器件的性能、线路设计以及采用的降噪声技术。

2）与拍摄时采用的相当感光度有关。对于同一数码摄影机来说，采用较高相当感光度拍摄带来的噪声较大。

3）当曝光不足时，噪声会增大。

4）当采用 1s 以上的长时间曝光时，噪声会增大。

5）与拍摄现场的温度有关系，温度高，噪声会增大。

5. 白平衡调整方式

绝大多数数码摄影机上具有白平衡调整功能。该功能的作用与彩色摄影时加色温转换滤光镜的作用是类似的，目的是得到准确的色彩还原。白平衡调整无须在物镜前加滤光镜，采用的是摄像机中普遍采用的白平衡调整方式，也分为自动调整和手动调整两种方式。

由于利用图像处理软件可方便地对数字图像的色彩进行调整，故部分数码摄影机上没有白平衡调整装置。柯达、佳能的数码摄影机多数如此，它们是将拍摄影像输入计算机后，利用数码摄影机的配套软件进行白平衡调整。

6. 存储器种类及存储能力

用数码摄影机拍摄得到的数字文件，首先通过数码摄影机中的驱动器被存储记录在各种存储器上。现在数码摄影机的存储器既有内置闪速存储器，又有可移动式存储器。可移动式存储器又有 CF（Compact Flash，袖珍闪存）卡、SD（Secure Digital Memory Card，安全数码存储卡）卡等多种。

内置存储器的数码摄影机，在拍摄时将数字影像文件直接存储在存储器上，然后在适当的时候输入计算机。采用内置存储器的优点是一旦有了数码摄影机就可拍摄，而不需要另配存储器；不足的是一旦内置存储器存满，就必须连接计算机释放出摄影机内置存储器的存储空间，之后才能继续拍摄。此外，内置存储器的存储容量有限，单纯用内置存储器存储数字影像文件的数码摄影机不能在野外连续大量摄取，尤其是高像素的数码摄影机更是如此。现在更多的数码摄影机采用的是可移动式存储器。

可移动式存储器可随时装入数码摄影机，存满后可随时更换，更换操作就像使用计算机软盘一样方便。如奥林巴斯系列的数码摄影机，只要像图 2 - 1 那样将存储卡从侧面插入即可。只要备有多个可移动式存储器，摄影机就可以连续进行大量拍摄。

图 2 - 1 存储卡插入数码摄影机

存储器的存储能力用 MB（兆字节）表示。内置存储器的存储能力一般为 1 MB 到几十兆字节；CF 卡和 SD 卡的存储能力少到几十兆字节，多到数千兆字节（几吉字节）。同一存储能力的存储器存储不同清晰度的影像文件，最大可存储影像幅数是不同的，有时有几十倍的差别。影像清晰度越高，可存储的影像幅数越少。

7. 压缩方式及压缩比例

一张存储卡能存储画幅的多少取决于画幅的质量，而画幅的质量与存储方式有关。存储数码影像文件的方式一般有不压缩的 TIFF 格式和不同压缩比例的 JPEG 压缩方式。压缩比例是指 JPEG 的压缩比例。在这种压缩方式下，压缩比例越大，文件尺寸就越小，一张存储卡所能存储的画幅就越多。但是，这种压缩方式容易造成数码图像的损伤，压缩比例越大，影像质量就越差。用户可根据所拍摄影像的不同用途，设定相应的压缩比例，以求充分利用现有存储卡的存储空间。

8. 拍摄延迟

"拍摄延迟"又称"连拍延迟""连拍功能"等。所谓拍摄延迟包括两种情况：一是按下快门到摄影机完成曝光之间约有 1 s 延迟；二是拍摄一幅画面后，要稍等片刻（5 s 左右）才能拍摄第二幅画面。对于传统摄影机来说，由于这种延迟的时间极短，可以不予注意，也就是不存在这种实际拍摄问题。然而，对于数码摄影机来说，它的拍摄延迟的时间要比传统摄影机长得多，大多从几分之一秒到几秒。在使用数码摄影机时，如果不注意它的拍摄延迟，就会影响拍摄效果。例如，当进行单次拍摄时，如果一按快门就习惯性地将摄影机物镜朝下，那么拍到的很可能是地面而不是拍摄对象。又如，当要快速连拍时，第二次按下的快门很可能是无效的。

数码摄影机产生拍摄延迟的根本原因是它在拍摄后需要进行一系列的数据处理。对于不同的数码摄影机，高性能的比低性能的拍摄延迟会短些。对于同一数码摄影机，采用高像素比采用低像素拍摄的延迟会长些。有些数码摄影机具有"连拍功能"，当调节在该功能拍摄时，通常只能采用较低像素进行拍摄。不难理解，拍摄时的像素越高，形成的影像文件就越大，所需数据处理的时间就越长。对于数码摄影机来说，这种拍摄延迟的时间越短越好，否则，对于抓拍动态被摄体的精彩瞬间是十分不利的。

9. 信号输出形式

数码摄影机绝大多数可与计算机的 RS – 232C 接口通过带插头的连接电缆直接相连，或用 USB（Universal Serial Bus，通用串行总线）电缆与计算机相连。此外，数码摄影机有视频输出端子，可将数码摄影机的视频输出端与监视器或收监两用电视机的视频输入端连接，通过这些设备可以观看图像；还可以通过视频输出端将所摄视频文件直接输给打印机打印出图片。

部分数码摄影机还有声音记录功能。声音记录功能在供新闻摄影记者使用的数码摄影机上很有用，利用它可在拍摄时将有关说明一同解说记录。这样，在将图片传送的同时，将有关拍摄的说明传送给编辑部，便于编辑及时了解拍摄意图和拍摄的背景资料。

2.2 摄影机检校的内容与方法

2.2.1 摄影机检校的内容

过去摄影测量采用的、专门为测量而设计制造的摄影机，称为量测型摄影机。量测型摄影机机械结构稳固，光学性能好，常具有以下特性：

（1）确定光线束形状的内方位元素 x_0、y_0、f，即投影中心 S 相对所有被摄影像的相对位置经过严格检校。常在承影框上布置机械框标或光学框标，以确定主点相对它们的位置。摄影机采用某种措施，以记录或读取主距 f，以及调焦改变后的主距变化值。

（2）特别注重摄影机光学系统的设计，以减少光学畸变的影响。光学畸变是影响光线束形状的重要负面因素，每台量测摄影机出厂时应附有畸变残值的检定报告。

（3）对于传统胶片量测摄影机，常采取措施以减少底片压平不佳和底片变形对像点位移的影响。这些措施包括抽气压平、机械压平以及在影像上生成标准位置的网格。

布置此类标准格网的量测摄影机称为格网量测摄影机。标准位置格网一般是刻有十字刻划线的透明承片玻璃。应注意，十字刻划线的影像质量与被测物体上相应点的照度有关。这种生成标准位置格网影像的方法称为前向投影方法。较新颖的格网影像生成方法称为后向投影方法，那是借助摄影镜箱在底片后方布置的成面阵形式排列的光学成像构件生成。

我们知道，恢复每张影像光线束的正确形状，即借内方位元素恢复摄影中心与像片之间的相对几何关系，几乎是所有摄影测量处理方法必须经过的一个作业过程。另外，为了正确恢复摄影时的光线束形状，也必须知晓光学畸变系数。检查和校正摄影机（摄像机）内方位元素和光学畸变系数的过程称为摄影机的检校。在广义上来讲，摄影机检校的内容比上述定义涉及的内容还要宽广：①主要位置坐标 (x_0, y_0) 与主距 f 的测定；②光学畸变系数的测定；③面阵内畸变参数的测定；④多台摄影机同步精度的测定。

在确认摄影机的机械结构坚固而稳定，确认摄影机的光学结构和电学结构稳定可靠后，才能对摄影机进行检定。其中，机械结构和光学结构的稳固通过对摄影机机械加固实现，其内容将在第 2.4.6 节中详述。电学误差是指 CCD 在光电信号转换、电荷在势阱中的传递以及模/数（Analog to Digital，A/D）转换时产生的影像几何误差。它主要包括行同步误差、场同步误差和像素采样误差。它是由光电信号转换不完全、信号传递之后 CCD 驱动电流电压及频率不稳等原因造成的。这些都是由摄影机本身的质量问题造成的，且误差可忽略，本书介绍的数码摄影机检校方法对此不予检校。

2.2.2　摄影机检校的方法

航空摄影机的检校方法包括实验室检校法和实验场检校法，两者均已标准化多年，有专业的设备、作业流程和规范。至今，近景摄影机的检校并未标准化，其原因可能是近景摄影机的多样化以及检校内容的多样化。

出于仅仅解求内方位元素和光学畸变的目的，摄影机的检校方法大体可以分为以下几类。

1. 光学实验室检校（Optical Laboratory Calibration）法

本方法适用于调焦到无穷远的量测摄影机的检校，如同传统的检校航空摄影机技术那样。室内的多台固定的准直管或可转动的精密测角仪是光学实验室检校法的基本设备。

参见图 2－2a，以准直管作为基本设备时，将多台准直管按准确的已知角度 α 安放在物方，而在像方则安放感光片，各准直管上经照明的十字刻划线构像在像片上，经过对像片的量测和相应计算，可解得主距和畸变差。

参见图 2－2b，以测角仪作为基本设备时，在像方设置一块精密网格板，在物方安放一台可转动的测角仪，并顺次量取各网格点的角度，经计算以解得主距和畸变差。

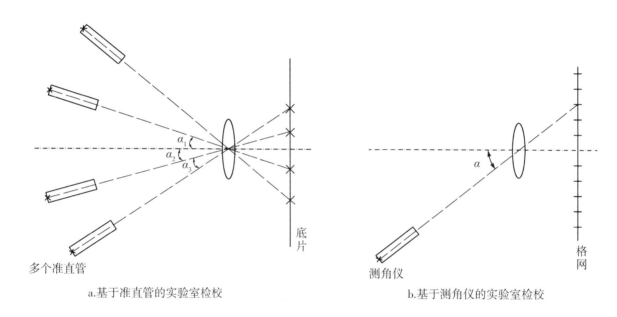

a.基于准直管的实验室检校　　　　　　b.基于测角仪的实验室检校

图 2－2　摄影机的光学实验室检校

2. 实验场检校（Test Range Calibration）法

实验场一般由一些已知空间坐标的标志点构成，在被检校的摄影机拍摄此控制场后，可依据单片空间后方交会解法或多片空间后方交会解法求解内方位元素以及其他影响光线束形状的要素，包括各类光学畸变系数。

实验场的大小、形状、性质与结构大不相同，如室内二维实验场（图 2－3a）、室内三维实验场（图 2－3b）、室外三维实验场等以及专门为检校目的而选择的某种人工建筑物等。可以测定贴附在建筑物上的人工标志或者直接利用建筑物自身的几何特点，包括它的平行线组。

实验场多为三维控制场，有时也使用二维控制场，如制作在某种材料上的标志网。简单地使用二维平面控制场，必须采用多片交向摄影方式。

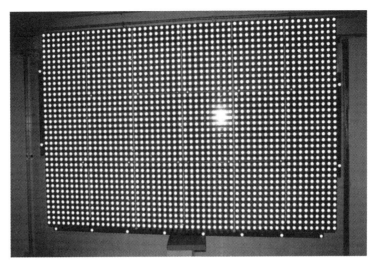

a.室内二维实验场

b.室内三维实验场

图2-3 摄影机实验场检校的实验场

3. 在任检校（On the Job Calibration）法

在任检校法是一种在完成某个测量任务中同时对摄影机进行检校的方法。换句话说，此方法依据物方空间分布合理的一群高质量控制点，在求解待定点物方空间坐标的任务中，同时求解像片内外方位元素、物镜光学畸变系数。本方法常常以单像空间后方交会的方式进行。本方法特别适用于非量测摄影机的检校，因为这类摄影机内方位元素可能不甚稳定，或不能重复拨定，或时有变化，在完成测量任务中进行检校更为合理。所有的物方控制常常以活动控制系统的形式出现。基于直线线性变换的检校方法当属此类方法。

4. 自检校（Self Calibration）法

光线束自检校平差解法是一种不需要控制点就可以求解内方位元素和其他影响光线束形状的要素的摄影机检校方法。这些其他要素包括各类光学畸变系数或某些附加参数。本方法适用于量测摄影机和非量测摄影机的检校。

当需要求解待定点空间坐标时，物方至少应布置两个"平面点"和三个"高程点"。

5. 恒星检校（Steller Calibration）法

基于"给定地点、给定时间的恒星方位角和天顶距为已知"原理的摄影机检校方法称为恒星检校法。其操作方法顺序是：在夜间，在已知点位的观测墩上将调焦至无穷远的被检定摄影机对准星空，实施较长时间曝光；在坐标仪上量测已知方位的数十至数百个恒星的像点坐标，图2-4为恒星不同放大倍率识别图；按专用程序计算被检校摄影机的内方位元素和光学畸变系数。

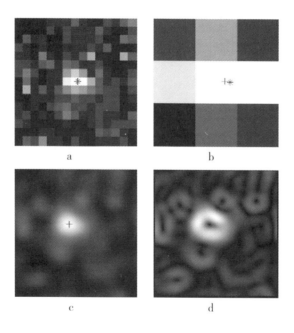

图2-4　恒星识别图

该检校方法的缺陷是：仅适用于检校调焦至无穷远的摄影；识别恒星耗时较长。

应采取措施以减少量测误差、大气折射光异常、温度变化和底片变形等因素对检校质量的影响。

本检校方法的投入较小，特别适用于调焦至无穷远的摄影机的检校，例如微小摄影机和某些专门非量测摄影机。

因地球自转，在曝光的数分钟内，像片中各恒星的影像是一条条短线。

2.3 单机检校场的建立

数码摄影机不是专门为摄影测量设计的，是非量测摄影机，内方位元素无法直接测定，也存在较大的光学畸变差。每次摄影测量作业前，都必须对数码摄影机进行检校。在第 2.2 节所述的方法中，室外实验场检校的方法精度最高，简单易行，适合航空摄影机的检校。因此，采用了建立数码摄影机检校场的方法来测定其内方位元素和畸变改正系数。

2.3.1 检校场的选择

目前，国内检校场的建立多数是基于摄影测量的应用，以室内为主且检校场的面积较小，比较适合于小面阵 CCD 摄影机的检校。对于航空摄影测量，采用的是大面阵 CCD 摄影机，因此小型或室内检校场远不能满足大面阵摄影机的检校要求。为此，经实地勘查选址，最终选择了某家属楼布设检校场，该楼高约 30m，有电梯、走廊、墙体和凹槽构成了前后四个层次的立体结构，其实景见图 2 - 5。在该楼的对面 40m 左右是五层的办公楼，在办公楼上能够从不同高度进行多方位拍摄。

2.3.2 控制点的布设与观测

检校场控制点人工标志类型较多，具体见图 2 - 6。鉴于摄影机检校采用澳大利亚墨尔本大学的 Australis 软件，对控制点的识别用对图 2 - 6d 所示标志识别效率高，经过多次实验，初步选定该标志作为此检校场的控制点标志。

全站仪反射片带有十字刻划线，既可用来测量距离，又可用来瞄准，为方便测量控制点标志中心坐标，在人工标志的中心粘贴带有十字刻划线的反射片，并考虑到标志的长期使用性，标志的材料采用不易腐蚀的铝材，采用丝网印刷技术将铝质标志印成黑

图 2-5　检校场实景

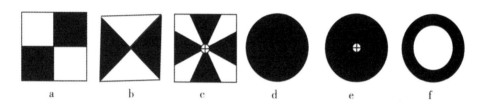

图 2-6　人工标志类型

色，最后制作完成的标志见图 2-7。

在该楼立面上布设了间隔为 1.5～2.5 m 的标志点共计
423 个，并将检校场实景红框区域局部放大之后，可以看到
控制点分布的实景图，如图 2-8 所示。

全站仪反射片尺寸为 10 mm × 10 mm。由于反射片面积
很小，为保证观测精度，对反射片和棱镜所测距离进行了比

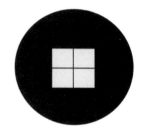

图 2-7　检校场控制点标志

对。将反射片贴在反射棱镜的贴板上，对棱镜和反射片分别测距。在理论上两者的平距
完全相等。从实验结果（表 2-1）来看，在该检校场使用范围内，使用反射片所测距
离与使用棱镜所测距离一致。

图 2-8 控制点实景

表 2-1 测量距离比对 单位：m

点位	a_1	b_1	c_1
棱镜	44.838	39.224	41.751
反射片	44.837	39.224	41.751
差值	0.001	0	0
点位	a_2	b_2	c_2
棱镜	45.445	39.149	41.682
反射片	45.445	39.150	41.683
差值	0	-0.001	-0.001
点位	a_3	b_3	c_3
棱镜	46.073	40.685	43.743
反射片	46.075	40.684	43.743
差值	-0.002	0.001	0

检校场控制点的坐标利用全站仪极坐标法测定。以近似垂直家属楼（检校场）正面方向为 x 方向，天顶方向为 z 方向，左手系确定 y 方向，构建独立坐标系。后视定向点（A_1）和设站点（A_2）布设在地基稳定的办公楼顶，满足高等级控制点布设的要求。由于观测时间短，地基对这两个控制点的影响可忽略不计。后视定向点、设站点与观测点的分布如图 2-9 所示。

采用拓普康 GTS-311 型全站仪观测，其测角精度 $2''$，测距精度 2mm+2ppm·D，利用全站仪程序中的斜距测量模式（该模式可以记录测点名称、方向值、倾角和斜距）

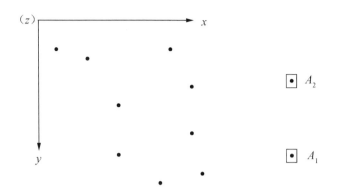

图 2-9 控制点与测站点的关系

进行测回法观测，共观测两个测回，提高坐标测量精度。依此方法，采取重新对中，观测三组，将三组坐标的最小二乘法平差值作为最终控制点坐标结果。

2.3.3 控制点测量精度评定

控制点测量精度评定采用白塞尔公式计算：

$$m = \pm \sqrt{\frac{[VV]}{n}} \tag{2-1}$$

式中　V——最或是值与观测值之差，一般为算术平均值与观测值之差，即有 $V_i = \bar{L} - L_i$，$VV = \sum_{i=1}^{n} (\bar{L} - L_i)^2$。

经计算，$m = \pm 2.7\text{mm}$，任意两次观测的最大误差 $m_{最} = \pm 5.0\text{mm}$。

2.4 摄影机检校

2.4.1 检校原理

数字摄影机是由传统摄影机演变而来的，仍使用传统的光学系统，只是图像信息的载体发生了变化，在原有胶片的位置换上了 CCD 芯片。景物光信号通过 CCD 转换为电信号，再由 A/D 转换形成数字影像。航空摄影用数码摄影机是数码航空摄影测量的关键设备，而数码摄影机不是专门为摄影测量设计的，是非量测摄影机，其内方位元素无法直接测定，也存在较大的光学畸变差。因此，须对数码摄影机进行严格检校。

数码摄影机检校的目的是恢复影像光线束的正确形状，即通过检校获取影像的内方位元素和各项畸变系数。数码摄影机检校内容包括主点位置坐标 (x_0, y_0) 的测定、主距 f 的测定、光学畸变系数的测定。数码摄影机的误差由光学误差、机械误差和电学误差组成。光学误差主要是指光学畸变误差，即摄影机物镜系统制作、装配引起的像点偏离其理想位置的点位误差，分为径向畸变差和偏心畸变差两类；电学误差主要包括行同步误差、场同步误差和采样误差；机械误差是指从光学镜头摄取的影像转化到数字化阵列影像所产生的误差。

基于实验场的摄影机参数的测定，按照摄影机参数的求解方式来区分，常见的解算方法有直接线性变换（Direct Linear Transformation，DLT）算法、单片空间后方交会和多片空间后方交会。

1. 直接线性变换

直接线性变换是直接建立起坐标仪坐标与物方空间坐标的关系式的一种算法，计算中不需要内方位元素数据，故摄影机不需要设置框标，不需要初始值。

假设在像片上以任意一点为原点的坐标 (x, y) 经各线性误差改正后，与像片坐标 $(\bar{x}, \bar{y})$ 的关系用下式表示：

$$\left.\begin{array}{l} \bar{x} = \alpha_1 + \alpha_2 x + \alpha_3 y \\ \bar{y} = \beta_1 + \beta_2 x + \beta_3 y \end{array}\right\} \qquad (2-2)$$

式中　α_1，β_1——坐标原点的平移改正数；

　　　α_2，α_3，β_2，β_3——各项线性误差的改正系数。

将式（2-2）代入共线条件方程中，得出的直接线性变换方程式为

$$\left.\begin{array}{l} x + \dfrac{Xl_1 + Yl_2 + Zl_3 + l_4}{Xl_9 + Yl_{10} + Zl_{11} + 1} = 0 \\[3mm] y + \dfrac{Xl_5 + Yl_6 + Zl_7 + l_8}{Xl_9 + Yl_{10} + Zl_{11} + 1} = 0 \end{array}\right\} \qquad (2-3)$$

式中　$l_1 \sim l_{11}$——11 个变换参数；

（X，Y，Z）——点的物方空间坐标；

（x，y）——相应点的坐标仪坐标。

当有多余观测时，像点坐标的观测改正数为（v_x，v_y），像点坐标的非线性改正为（Δx，Δy）时，式（2-3）可变换为

$$
\begin{cases}
x + v_x + \Delta x + \dfrac{l_1 X + l_2 Y + l_3}{l_7 X + l_8 Y + 1} = 0 \\[3mm]
y + v_y + \Delta y + \dfrac{l_4 X + l_5 Y + l_6}{l_7 X + l_8 Y + 1} = 0
\end{cases}
\tag{2-4}
$$

式（2-4）中像点坐标的非线性改正（主要是光学畸变改正）可用下式或其中的一部分代入：

$$
\begin{cases}
\Delta x = (x - x_0)(k_1 r^2 + k_2 r^4 + \cdots) + P_1[r^2 + 2(x - x_0)^2] + 2P_2(x - x_0)(y - y_0) \\[2mm]
\Delta y = (y - y_0)(k_1 r^2 + k_2 r^4 + \cdots) + P_2[r^2 + 2(y - y_0)^2] + 2P_1(x - x_0)(y - y_0)
\end{cases}
\tag{2-5}
$$

式中 k_1，k_2——待定对称径向畸变系数；

P_1，P_2——待定切向畸变系数。

设定关系式为

$$A = l_7 X + l_8 Y + 1$$

从而有像点坐标观测值的误差方程为

$$
\begin{bmatrix} -v_x \\ -v_y \end{bmatrix}
= -
\begin{bmatrix}
\dfrac{X}{A} & \dfrac{Y}{A} & \dfrac{1}{A} & 0 & 0 & 0 & \dfrac{xX}{A} & \dfrac{xY}{A} \\[3mm]
0 & 0 & 0 & \dfrac{X}{A} & \dfrac{Y}{A} & \dfrac{1}{A} & \dfrac{yX}{A} & \dfrac{yY}{A}
\end{bmatrix}
\begin{bmatrix} l_1 \\ l_2 \\ l_3 \\ l_4 \\ l_5 \\ l_6 \\ l_7 \\ l_8 \end{bmatrix}
-
\begin{bmatrix} \dfrac{x}{A} \\[3mm] \dfrac{y}{A} \end{bmatrix}
\tag{2-6}
$$

若此误差方程式与相应的法线方程式的矩阵取为

$$V = ML - W$$

$$L = (M^{\mathrm{T}}M)^{-1}M^{\mathrm{T}}W$$

那么

$$V = \begin{bmatrix} v_x & v_y \end{bmatrix}^{\mathrm{T}}$$

$$M = -\begin{bmatrix} \dfrac{X}{A} & \dfrac{Y}{A} & \dfrac{Z}{A} & \dfrac{1}{A} & 0 & 0 & 0 & 0 & \dfrac{xX}{A} & \dfrac{xY}{A} & \dfrac{xZ}{A} & (x-x_0)r^2 \\[3mm] 0 & 0 & 0 & 0 & \dfrac{X}{A} & \dfrac{Y}{A} & \dfrac{Z}{A} & \dfrac{1}{A} & \dfrac{xX}{A} & \dfrac{xY}{A} & \dfrac{xZ}{A} & (y-y_0)r^2 \end{bmatrix}$$

$$L = (l_1 \quad l_2 \quad l_3 \quad l_4 \quad l_5 \quad l_6 \quad l_7 \quad l_8 \quad l_9 \quad l_{10} \quad l_{11} \quad l_{12})^{\mathrm{T}}$$

$$W = \begin{bmatrix} -\dfrac{x}{A} & -\dfrac{y}{A} \end{bmatrix}^{\mathrm{T}}$$

在求解物方坐标时，直接线性变换可以看成是一种"变通的后方交会 – 前方交会"解法，畸变参数和其他系统误差系数与 l 系数在"后方交会"过程中求出，再由所求系数和改变后的像点坐标算得空间物方某点的坐标。在所谓的"后方交会"与"前方交会"解算中，运算也是一种迭代过程，当迭代过程满足了参数的限定要求，即可将迭代结束，并得出求解的参数。在解得 11 个 l 系数后，可以求得摄影机的内方位元素。

直接线性变换适合于非量测摄影机所摄取的影像，其中包括各类通用的数码摄影机和高速摄影机的摄影测量处理。尽管基于直接线性变换的参数求取方便，但仍存在一些不足：

（1）采用迭代算法，稳定性不好，若迭代步骤设计不当，像差校正参数与摄影机的内方位元素相互干扰，可导致无意义的解。

（2）对控制点布设要求高，在 Z 轴方向上没有一定的延伸时，容易导致所求解的不定性。

直接线性变换算法的流程如图 2 – 10 所示。

2. 单片空间后方交会

基于空间后方交会的数学模型以共线方程为基础，以像点坐标作为观测值，求解摄影机内外方位元素、畸变系数以及其他附加参数，其顾及改正项的共线方程式为

$$\left. \begin{aligned} (x-x_0) + \Delta x &= -f\frac{a_1(X-X_S)+b_1(Y-Y_S)+c_1(Z-Z_S)}{a_3(X-X_S)+b_3(Y-Y_S)+c_3(Z-Z_S)} \\[3mm] (y-y_0) + \Delta y &= -f\frac{a_2(X-X_S)+b_2(Y-Y_S)+c_2(Z-Z_S)}{a_3(X-X_S)+b_3(Y-Y_S)+c_3(Z-Z_S)} \end{aligned} \right\} \quad (2-7)$$

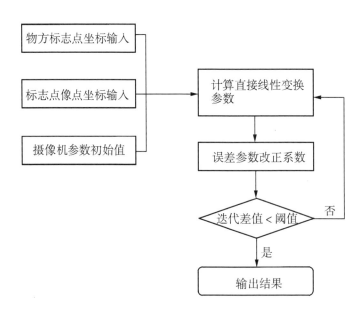

图 2 - 10　直接线性变换算法的流程

可以推导出观测值误差方程式：

$$V = At + B_u X_u + B_c X_c + CX_2 + DX_{ad} - L \qquad (2-8)$$

在以求解外方位元素 t、内方位元素 X_2 以及某些附加参数 X 为目的的单片空间后方交会的解法中，因不解算物方未知空间坐标，将控制点物方坐标视为真值，共线条件方程式像点坐标观测值误差方程式可写为

$$V = At + CX_2 + DX_{ad} - L \qquad (2-9)$$

式中　　t——用于检校的摄影时所摄像片相对三维控制场的外方位元素未知数构成的列矩阵；

X_2——该像片的内方位元素构成的列矩阵；

X_{ad}——附加参数构成的矩阵，即摄影机的系统误差参数。

由于该方法同时解算摄影机的内方位元素和外方位元素，要特别注意未知数之间的相关性，不同未知数之间的相关程度可以直接取自未知数的协因数阵 Q_{XX} 的非对角线因素。若控制场中控制点的几何分布近似为一个平面，则会使未知数的解极为不稳定，甚至有不定解的可能。例如，当控制点分布或近似分布在平面 M 上时，会造成未知数内方位元素（x_0，y_0）与未知数外方位元素（S，S'）的不确定解（图 2 - 11）或强相关，造成主距 f 与 Z_s 的不确定（图 2 - 12）。

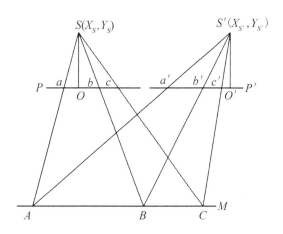

图2-11 控制点在同一平面引发（x_0，y_0）与（S，S'）的不定解

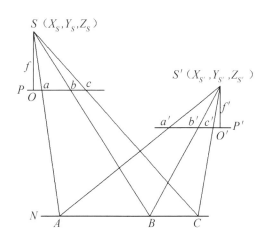

图2-12 控制点在同一平面引发主距 f 与 Z_S 的不定解

3. 多片空间后方交会

多片空间后方交会的摄影机检校方法是依据共线条件方程式，把控制点的物方空间坐标视为真值，整体求解像片的内方位元素、多张像片的外方位元素，以及摄影机系统误差参数的摄影测量过程。依据共线条件方程式像点坐标观测值误差方程式的一般式［式（2-7）］，在以求解像片内方位元素（X_2）和某些附加参数（X_{ad}）为主要目的并同时求解各像片外方位元素的检校中，因为不解算未知点间坐标（$X_u = 0$），控制点的物方空间坐标视为真值（$X_c = 0$），所以式（2-8）可以写成下式：

$$V = A_c t + C X_2 + D X_{ad} - L \qquad (2-10)$$

多片空间后方交会需在不同的位置按照一定的方式拍摄多组像片，拍摄过程中主距保持不变，因而解算得到的各张像片的内方位元素及系统误差参数视为相同。除此之外，多片后方交会时还可以通过让摄影机绕主光轴旋转一定的角度来减小主点坐标（x_0，y_0）与外方位元素之间的相关性。多片空间后方交会也存在不足之处：标志点数量和分布对最终检校结果影响很大。因此，可以考虑检校效率的同时适当提高控制点的数量，有利于提高检校的精度。

空间后方交会算法的流程如图2-13所示。

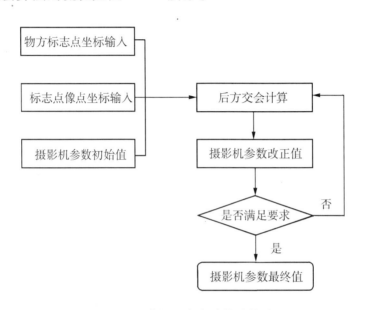

图2-13　空间后方交会算法的流程

4. 自检校光线束法区域网平差

自检校光线束法区域网平差，就是把可能存在的系统误差作为待定参数，列入区域网空中三角测量的整体平差运算之中。这些附加的待定参数可以根据情况使之反映其内方位基本元素、光学畸变差、CCD畸变等。

此时，将内方位元素 X_2、外方位元素 t 及物方坐标 X 作为未知数，把附加参数应看作是虚拟观测值的情况，根据式（2-8）可列出以下误差方程：

$$\begin{cases} V = At + B_c X_c + C X_2 + D X_{ad} - L, P \\ V_{ad} = \qquad\qquad\qquad X_{ad} - L, P_{ad} \end{cases} \tag{2-11}$$

式（2-11）中第一式为像点坐标观测值的误差方程，第二式为虚拟附加参数观测值的误差方程。这样处理比把附加参数作为自由未知数来处理要稳妥。

$$\begin{bmatrix} A^{\mathrm{T}}PA & A^{\mathrm{T}}PB_{\mathrm{c}} & A^{\mathrm{T}}PC & A^{\mathrm{T}}PD \\ B_{\mathrm{c}}^{\mathrm{T}}PA & B_{\mathrm{c}}^{\mathrm{T}}PB_{\mathrm{c}} & B_{\mathrm{c}}^{\mathrm{T}}PC & B_{\mathrm{c}}^{\mathrm{T}}PD \\ C^{\mathrm{T}}PA & C^{\mathrm{T}}PB_{\mathrm{c}} & C^{\mathrm{T}}PC & C^{\mathrm{T}}PD \\ D^{\mathrm{T}}PA & D^{\mathrm{T}}PB & D^{\mathrm{T}}PC & D^{\mathrm{T}}PD + P_{\mathrm{ad}} \end{bmatrix} \begin{bmatrix} t \\ X_{\mathrm{c}} \\ X_2 \\ X_{\mathrm{ad}} \end{bmatrix} - \begin{bmatrix} A^{\mathrm{T}}PL \\ B_{\mathrm{c}}^{\mathrm{T}}PL \\ C^{\mathrm{T}}PL \\ D^{\mathrm{T}}PL \end{bmatrix} = 0 \qquad (2-12)$$

附加参数的误差方程可由式（2-5）得到，计算此法线方程式（2-12），可得到畸变参数和内方位元素。

此解法与摄影测量空间后方交会-前方交会解法的根本区别在于：光线束法平差解法中为数众多的待定点影响外方位元素的确定。也就是说，在确定各个光线束位置与朝向的计算中，待定点坐标观测值的改正数的平方和就要最小。确切说来，所有外业观测值或是值的确定，其中包括大量未知像点坐标观测或是值的确定，以及各像片光线束形状和朝向的确定是包含在同一个计算过程中的。而在空间后方交会-前方交会解法中，则是仅仅由控制点坐标观测值确定外方位元素，之后执行另一个独立的运算步骤，即根据已算得的外方位元素以及待定点像点坐标确定其空间坐标。

当解算精度要求较高，而控制条件不足或不利于按空间后方交会-前方交会进行解算时，则可应用摄影测量光线束解法。使用光线束平差解法要求在每一道工序中格外严格地作业，例如同名点的准确辨认和像点坐标系统误差的严格剔除。应充分认识到某些未知点像点坐标质量的缺陷会影响全体测量结果。

因此，光线束平差解法是以内业和外业直接量取的数据（如内业量取的像点坐标，外业量取的控制点坐标、外方位元素或其他大地测量信息）作为观测值的一种严格的摄影测量数据处理方法。在确定外方位元素最或是值的平差过程中，即确定光线束在空间的位置与朝向中，所有上述观测值，包括大量待定点的像点坐标观测值都起明显的作用。换言之，所有这些观测值的质量直接影响所建模型的质量，影响所建模型的强度，影响待定点空间坐标的确定精度。

鉴于自检校光线束法平差的优势，直接采用了基于光线束法平差模型为基础的澳大利亚墨尔本大学的 Australis 摄影机检校软件对加固处理后的数码摄影机进行内方位元素及系统误差参数的解算。该软件采用的光线束法模型中，内方位元素、外方位元素、控制点物方坐标及系统误差参数都作为观测值，解算时只要输入标志点在框标坐标系中的坐标、物方点坐标以及各个参数的初始值即可。由于主点坐标和系统误差参数比较小，主距以镜头标称大小输入，主点以（0，0）作为初始值，其他参数初始值设为"0"进行迭代求解，当收敛到限差范围内时计算结束。

2.4.2 检校精度要求

1. 内定向元素检校精度要求

根据正直摄影的基本关系式：

$$\begin{bmatrix} X \\ Y \\ Z \end{bmatrix} = \frac{B}{P} \begin{bmatrix} x \\ y \\ -f \end{bmatrix} \tag{2-13}$$

取像主点坐标中误差为（m_{x_0}，m_{y_0}），主距中误差为 m_f，物方空间坐标中误差为（m_X，m_Y，m_Z），则物方空间坐标中误差与像主点坐标中误差和主距中误差之间的关系为

$$\left. \begin{aligned} m_X &= X \cdot \frac{m_{x_0}}{x} = m_{x_0} \frac{Z}{f} \\ m_Y &= Y \cdot \frac{m_{y_0}}{y} = m_{y_0} \frac{Z}{f} \\ m_Z &= Z \cdot \frac{m_f}{f} = m_f \frac{Z}{f} \end{aligned} \right\} \tag{2-14}$$

当航高为 H 时，有式（2-15）成立。假设 $m_x = m_y$，内方位元素的精度可用式（2-16）来估算。

$$\left. \begin{aligned} m_X &= m_{x_0} \frac{H}{f} \\ m_Y &= m_{y_0} \frac{H}{f} \\ m_H &= m_f \frac{H}{f} \end{aligned} \right\} \tag{2-15}$$

$$\left. \begin{aligned} m_{x_0} &= m_{y_0} = \frac{f}{H} m_X = \frac{f}{H} m_Y \\ m_f &= \frac{f}{H} m_H \end{aligned} \right\} \tag{2-16}$$

如果认为对 m_X、m_Y 和 m_H 产生影响的误差源不只是内方位元素，那么可以按式（2-17）来估算内方位元素的测定精度。由此可得出以下结论：

$$
\left.
\begin{aligned}
m_{x_0} &= m_{y_0} = \frac{f}{\sqrt{3}H}m_X = \frac{f}{\sqrt{3}H}m_Y \\
m_f &= \frac{f}{\sqrt{3}H}m_H
\end{aligned}
\right\}
\tag{2-17}
$$

（1）内方位元素的测定精度与被测物体的测定精度（m_X，m_Y，m_H）有关。

（2）所用摄影机主距 f 越大，摄影航高 H 越小，内方位元素测定精度要求越低。当被测物体无起伏（$H=0$）时，内方位元素的测定没有意义。

在实际工作中，常以所能达到的最高精度完成检校工作。

2. 光学畸变差检校精度要求

目前对于普通摄影机光学畸变差的检校还没有制定统一的标准，这里我们采用航空摄影测量中对专用量测摄影机检校所要求的精度，规范中规定专用量测摄影机光学畸变差的检校误差不应超过 5 μm。

2.4.3 影像的获取

数码摄影机拍摄时，外界震动容易导致摄影机主距与主点位置的变化，为了使每张影像有相同的主距（调焦至无穷远处成像清晰），避免摄影机结构上的不稳定造成的摄影机主距及主点位置的变化，在摄影机参数测定前将摄影机调焦至无穷远处并固定，以达到固定主距的目的。锁定了主距就锁定了内方位元素及物镜畸变系数。被机械加固后的摄影机如图 2-14 所示。

在检校过程中，影像的获取方式与摄影机的设置（如 ISO、光圈等）直接影响影像质量，考虑到检校摄影机时所采用的模型及检校软件，采用多站多方位获取影像，如图 2-15 所示。

在某一位置拍摄时，摄影机绕主光轴旋转，每旋转 90° 拍摄一张照片，摄影机拍摄方式如图 2-16 所示（图中箭头方向表示摄影机取景器所在方位），以减少主点位置与外方位元素之间的相关性，克服单相空间后方交会解法主点位置精度偏低的缺陷。在不同的光照条件下，为了达到比较满意的摄影效果，摄影机的参数设置也不同。在哈苏 H3D 型

图 2-14　加固后的摄影机

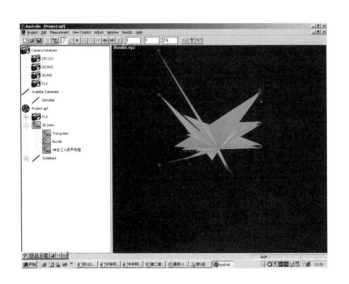

图 2-15　摄影机拍摄时的相对位置

数码摄影机的检校中，摄影时，一般快门速度设置为 1/125 s，光圈号数设置为 8。

检校时为了获得好的影像质量，通过实验，得出拍摄时需注意的问题与结论如下：

（1）摄影机检校摄影时应选择较好的天气及光照条件，光照条件是影响影像质量的一个重要因素，灰度直方图分布均匀的影像更加有利于影像的后处理。

（2）拍摄时设定的快门速度一般小于 1/125 s，可不考虑摄影机曝光瞬间手的抖动对影像的影响，能用手拿着直接拍摄。

（3）拍摄过程中，应让检校场中的圆形标志充满这个像幅，尽量避免大角度的倾斜拍摄，因为大角度的倾斜拍摄容易导致标志点在影像中的严重变形，不利于标志点的自动识别，导致自动量测的标志点像点坐标不准确。

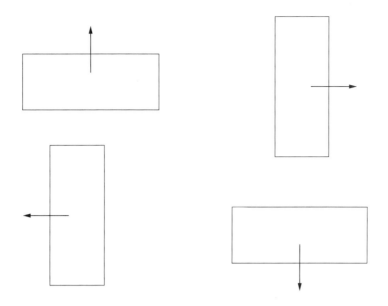

图 2-16   摄影机的拍摄方式

2.4.4   标志点坐标的自动获取

图像根据记录的方式不同，可以分为模拟图像和数字图像。模拟图像是通过某种物理量（光、电等方面）的强弱变化来记录图像上各点的灰度信息的；数字图像则完全是用数字来记录图像的灰度信息的。数字影像反映了目标景观的明暗程度，一幅数字影像可以表示为一个灰度矩阵 G：

$$G = \begin{bmatrix} g_{0,0} & g_{0,1} & \cdots & g_{0,n-1} \\ g_{1,0} & g_{1,1} & \cdots & g_{1,n-1} \\ \vdots & \vdots & \vdots & \vdots \\ g_{n-1,0} & g_{n-1,1} & \cdots & g_{n-1,n-1} \end{bmatrix} \qquad (2-18)$$

矩阵中每一个元素 $g_{i,j}$ 是一个灰度值，对应光学影像或实体的一个微小区域，被称为"像素"或"像元"，每个像素的位置可以由行序号（i）和列序号（j）来确定，像素 $g_{i,j}$ 的值表示"灰度等级"。对于黑白图像，每个像素用一个字节来表示。通常将白色的灰度值定义为 255，黑色的灰度值定义为 0，并将由黑到白的明暗程度分为 256 个等级，每个等级对应一个灰度值，这样就定义了一个灰度对应表，对于彩色影像每个像素一般用 3B 来表示，分别用来表示 R、G、B 三种原色，其他的任何颜色都可以用这三种颜色按一定的比例生成。

根据上面对图像的描述，图像是由一个个像素排成矩形组成，当对图像作为一个文件存储时，必须记录下每个像素的位置和相应的灰度值，以及每个像素都有一个位置与灰度值相对应。拍摄获取的数字影像上的标志点的像点坐标可以通过图像处理软件（如 Photoshop 软件）直接量取，通过该方式获取的坐标是以像片的左上角为远点的坐标系中的坐标，这样经过二维空间放射坐标变换可将所量测的控制点像点坐标转换成为以像片中心为原点的坐标系中的坐标。这种直接手动量取的方法劳动强度大、作业效率低，而且大量的像点量测容易造成人为的误差甚至粗差，使得最后的解算参数的结果不准确。结合数字影像处理方法和所布设的标志形状，可直接采取点提取算法。这样既能提高效率，又能提高像点的定位精度。

在对摄影机进行参数测定时，需要把控制点的标志点像方坐标以 ICF 格式文本存储，并作为已知量导入到检校软件中。特征点提取是通过定位算子来实现的。特征点定位算子可分为圆特征点定位算子和角特征点定位算子，高精度定位算子能使定位精度达到"子像元"级，常规的圆形标志提取算子有模板匹配算法。

模板匹配的原理是：首先生成一幅包含目标标志的已知影像，用该影像作为模板在一幅大的图像中寻找目标，已知该图像中有要找的目标且该目标与模板有相同的尺寸、方向和图像，通过匹配算法就可以在图像中找到目标，确定其坐标位置。假设模板为 T（$M \times N$ 像素），叠放在被搜索图 S（$W \times H$ 像素）上平移，模板覆盖被搜索图的那块区域为子图 S_{ij}，i、j 为子图左上角在被搜索图 S 上的坐标，搜索方位为

$$\left. \begin{array}{l} 1 \leqslant i \leqslant W - M \\ 1 \leqslant i \leqslant H - N \end{array} \right\} \qquad (2-19)$$

通过比较 T 和 S_{ij} 的相似性，完成模板匹配过程，可以用差平方和测度来衡量其相似性，如下式：

$$D(i,j) = \sum_{m=1}^{M} \sum_{n=1}^{N} \left[S_{ij}(m,n) - T(m,n) \right]^2 \qquad (2-20)$$

展开式（2-20）有

$$D(i,j) = \sum_{m=1}^{M} \sum_{n=1}^{N} \left[S_{ij}(m,n) \right]^2 - 2\sum_{m=1}^{M} \sum_{n=1}^{N} S_{ij}(m,n) \times T(m,n) + \sum_{m=1}^{M} \sum_{n=1}^{N} \left[T(m,n) \right]^2$$

$$(2-21)$$

式（2-21）右边第一项为子图的能量，第三项为模板的能量，都与模板匹配无

关；第二项是模板与子图的互相关，随（i，j）而改变。当模板与子图匹配时，第二项有极大值，将其归一化处理，得出模板匹配的相关系数：

$$R(i,j) = \frac{\sum_{m=1}^{M}\sum_{n=1}^{N}S_{ij}(m,n) \times T(m,n)}{\sqrt{\sum_{m=1}^{M}\sum_{n=1}^{N}\left[S_{ij}(m,n)\right]^{2}}\sqrt{\sum_{m=1}^{M}\sum_{n=1}^{N}\left[T(m,n)\right]^{2}}} \qquad (2-22)$$

当模板与子图完全一样时，相关系数R（i，j）=1，但用这种计算方式来定位出标志点的坐标计算量大且计算速度比较慢。

针对模板匹配算法计算量大且计算速度慢的缺点，提出了利用直接线性变换和标志点物方坐标来确定标志点像点坐标初始值，并根据标志点初始值，在一定的搜索半径内来进行模板匹配，精确求出标志点像点坐标。利用模板提取像点前，首先将物方坐标导入到程序中，并在影像上用鼠标选取4个角点；然后根据鼠标选取的4个标志点初始值，精确获取4个所对应像点的坐标，并在物方坐标文本文件中找到对应的物方坐标；最后按照直接线性变换，解算直接变换参数。根据直接变换参数和对应的物方坐标，就可以解算出其他标志点对应的像点的初始值。采用线性变换为模板匹配提供初始位置，匹配速度快且成功率也比较高。需要注意的是，摄影机获取影像时，倾角太大会引起标志点的变形，此时模板匹配算法不能提取到该点的像点坐标。

2.4.5 Australis 软件检校

数码摄影机的检校采用澳大利亚墨尔本大学的 Australis 软件（图2-17），Australis 软件工作界面见图2-18，可以获取以下摄影机参数：内方位元素（x_0，y_0）、径向畸变参数（k_1，k_2，k_3）、偏心畸变参数（p_1，p_2）、面阵内畸变参数（b_1，b_2）。

图2-17　数码摄影机检校软件

图2-18　Australis 软件工作界面

以 JXDC44 型数码摄影机为例，简要说明 Australis 摄影机检校软件的操作步骤。

（1）打开 Australis 软件，选择"FILE"→"NEW"命令，建立一个新工程。

（2）建立新摄影机 JXDC44，并把 JXDC44 从"Camera Database"拖到工程中去。

（3）把比例尺条"DemoBar"从"Scalebar Database"拖到工程"Demo"中。"DemoBar"是对已知两点间距离的一个模拟。

（4）用"FILE"→"SAVES"命令，将工程保存到一个指定目录，如"C：\ AustralisDemo \ Demo. apf"。

（5）右键单击"3D Data"按钮，选择"IMPORT"→"DRIVEBACK FILE"命令，选择已经建好的物方坐标文件 Object. xyz，此文件可放在目录"C：\ AustralisDemo \ Pointdata"下。

（6）在工程中右键单击 JXDC44 型数码摄影机按钮，选择"Set Image File Directory"，弹出"Set Image File Directory"对话框，将路径设置为"C：\ AustralisDemo"，单击"OK"按钮，所有像片添加到工程中。

（7）双击像片 001 的图标，量测控制点坐标文件中给出的控制点至少 4 个，如 201、202、203、204。

（8）从"Measurement"菜单中选择"Driverback"，或在工具条上单击"Driverback"按钮，或者用快捷键 Alt + D。执行单像片后方交会运算，运用计算所得参数，自动识别量测剩下的点。

（9）量测完成后，双击图像窗口左上角摄影机图标，或单击窗口右上角的关闭按钮，关闭像片。

（10）对剩下的像片重复（7）～（9）步操作。

（11）量测完所有像片之后，从"Adjust"菜单中选择"Resect All Project Images"，对所有像片中的所有点进行平差计算，如图 2 - 19 所示。

（12）在"Preference Output"话框中，检查"Parameter Correlations"检查栏。

（13）从"Adjust"菜单项中选择"Run Bundle"或者在工具条中单击"Bundle"按钮，进行光线束法平差，接受以上步骤中的参数。

（14）选择"Result"菜单项，输出检查过的平差文件。文件有以下几种：Resection. txt，Bundle. txt，Camera. txt，Residual. txt，Correlation. txt。

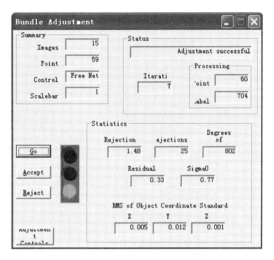

图 2-19   运行光线束法平差

2.4.6   机械固定对摄影机参数的影响

由于摄影机用于摄影测量，对其固有参数的几何精度要求高，为防止震动等原因引起摄影机参数的变化，须对摄影机进行严格的机械固定，如图 2-20 所示。固定前后的摄影机外观如图 2-21 所示。

对于采用的数码摄影机，其分辨率为 4k×4k，标称焦距为 50 mm，影像以 DCR 格式存储输出。在不同位置、不同高度和不同角度共拍摄了 72 张影像。拍摄距离在 40 m 以外时，与焦距相比，可视为无穷远，获取的影像能充满像幅。利用 Australis 软件做数学解算时，将 72 张影像按拍摄的方位规律地分为 3 组，每组 24 张影像，经检校，摄影机加固前后检校参数比较见表 2-2。结果表明，固定对摄影机参数的影响较大，其中对内方位元素的影响最大，影响的最大值达到近 7 个像元（9 u/pixel）。

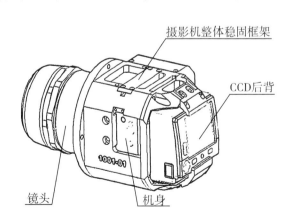

图 2-20   整体稳固后的摄影机结构

图 2-21   加固前后的摄影机外观

43

表2-2　摄影机加固前后部分检校参数比较

影像组	f（mm）	x_0（mm）	y_0（mm）	k_1	k_2	k_3
固定前	52.076	0.230 01	0.423 94	2.520 9E-5	-1.080 2E-8	-2.114 6E-12
固定后	52.094	0.184 63	0.484 65	2.552 5E-5	-1.001 4E-8	-1.946 6E-12
差值	-0.018	0.045 38	-0.060 71	-0.031 6E-5	-0.078 8E-8	-0.168 0E-12

将机械固定后的摄影机进行检校，共用 3 组检校影像，每组 24 张像片。经检校，所得摄影机各项参数数值稳定、精度高，内方位元素的检校精度达到微米级，具体检校结果见表 2-3。

表2-3　摄影机检校结果

参数	第 1 组	第 2 组	第 3 组
f（mm）	5.204 9E+001	5.209 0E+001	5.209 1E+001
x_0（mm）	1.846 3E-001	1.856 6E-001	1.877 5E-001
y_0（mm）	4.846 5E-001	4.864 2E-001	4.861 5E-001
k_1	2.552 5E-005	2.537 4E-005	2.517 9E-005
k_2	-1.001 4E-008	-9.688 6E-009	-9.369 6E-009
k_3	-1.946 6E-0012	-2.091 8E-0012	-2.228 1E-0012
p_1	-4.204 9E-006	-3.947 5E-006	-4.045 1E-006
p_2	-4.153 4E-006	-3.993 7E-006	-4.017 6E-006
b_1	3.806 1E-005	3.734 5E-005	3.612 7E-005
b_2	-4.298 0E-006	-6.165 8E-006	-7.689 5E-006

2.5　摄影机检校可靠性验证

数码摄影机检校的可靠性包括检校参数的稳定性和检校参数的误差两个方面的内容。下面用多组检校结果的互差来描述检校参数的稳定性，用前方交会结果描述检校参数的误差。

2.5.1 三组检校结果互差验证

对表 2 - 3 给出的三组检校结果两两取互差，结果列于表 2 - 4 中。这里的 Δ_{21}、Δ_{31}、Δ_{32} 和 $\Delta_{平均}$ 分别表示第 2 组与第 1 组、第 3 组与第 1 组以及第 3 组与第 2 组之间的互差和互差的平均值。

表 2 - 4 摄影机检校结果比较

参数	Δ_{21}	Δ_{31}	Δ_{32}	$\Delta_{平均}$
Δf（mm）	- 4.00E - 03	- 3.00E - 03	1.00E - 03	- 0.002
Δx_0（mm）	1.03E - 03	3.12E - 03	2.09E - 03	0.002 08
Δy_0（mm）	1.77E - 03	1.50E - 03	2.09E - 03	0.002 08
Δk_1	- 1.51E - 07	1.50E - 03	- 1.95E - 07	- 2.3E - 07
Δk_2	3.25E - 10	6.44E - 10	3.19E - 10	4.3E - 10
Δk_3	- 1.45E - 13	- 2.82E - 13	- 1.36E - 13	- 1.9E - 13
Δp_1	2.57E - 07	1.60E - 07	- 9.76E - 08	1.07E - 07
Δp_2	1.60E - 07	1.36E - 07	- 2.39E - 08	9.05E - 08
Δb_1	- 1.16E - 07	- 1.93E - 06	- 1.22E - 06	- 1.3E - 06
Δb_2	- 1.87E - 06	- 3.39E - 06	- 1.52E - 06	- 2.3E - 06

由表 2 - 4 可知：主距 f、像主点坐标（x_0，y_0）的互差达到微米级，径向畸变系数（k_1，k_2，k_3）的互差分别达到 10 的 - 7、- 10、- 13 次方数量级，偏心畸变系数（p_1，p_2）的互差分别达到 10 的 - 7、- 8 次方数量级，比例尺参数 b_1 的互差达到 10 的 - 6 次方数量级，修剪参数 b_2 的互差达到 10 的 - 6 次方数量级。由此可知，数码摄影机的主距、像主点坐标、径向畸变系数、偏心畸变系数上参数、比例尺参数、修剪参数等非常稳定。

2.5.2 前方交会验证

用 Australis 软件做前方交会，设置了 4 个控制点，54 个检查点。检查点中误差统计如下：

当含全部参数（x_0，y_0，k_1，k_2，k_3，p_1，p_2，b_1，b_2）时，$M_x = 1.28$ mm，$M_y = 0.91$ mm，$M_z = 3.84$ mm，$M_O = 4.16$ mm。当不含参数时，$M_x = 37.4$ mm，$M_y = 19.3$ mm，

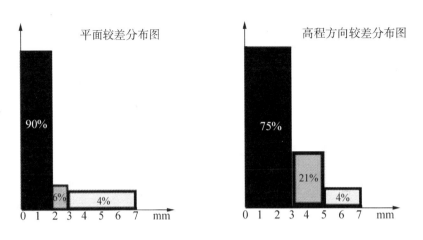

图 2-22 前方交会较差统计（含全部参数）

$M_z = 107$ mm，$M_Q = 115$ mm。

含全部参数时，前方交会较差分布结果绘于图 2-22 中。由此可见，前方交会点位精度高，Australis 软件对 JXDC44 型数码摄影机检校误差小。以上 9 个参数已经较完整地描述了数码摄影机的畸变，其他因素的影响可以忽略不计。

2.6 数码摄影机影像畸变参数的理论分析及影像重采样

摄影机物镜系统设计、制作和装配所引起的像点偏离理想位置的点位误差称为光学畸变差。光学畸变差是影响像点坐标质量的一项重要误差。光学畸变差分为径向畸变差（Radial Distortion）和偏心畸变差（Decentering Distortion）两类。径向畸变差使构像点向径向方向偏离其准确理想位置；而偏心畸变差使构像点沿径向方向和垂直于径向方向，相对于理想位置都发生了偏离，其径向方向称为非对称径向畸变，垂直于径向方向称为切向畸变。具有几何畸变的像点位置几何关系如图 2-23 所示。

2.6.1 CCD 安装引起的误差

CCD 安装引起的误差主要包括两个方面：一是 CCD 平面与透镜的主光轴不垂直而引起的误差。实验证明，这种误差对数字摄影测量工作站的成图影响可以忽略。二是 CCD 的几何中心不在像主点上，即主点坐标不为零。以下是纠正的部分源代码：

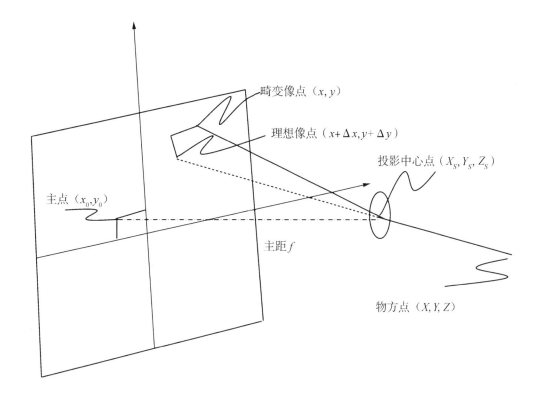

图 2 - 23　具有畸变的像点位置几何关系

// 计算该像素在源 DIB（设备无关位图）中的坐标

i0 = i - （LONG）lYOffset；

j0 = j + （LONG）lXOffset；

2.6.2　光学畸变差

光学畸变差包括径向畸变差和偏心畸变差两类。

径向畸变差的计算公式为

$$\left. \begin{array}{l} \Delta x = x(k_1 r^2 + k_2 r^4 + k_3 r^6) \\ \Delta y = y(k_1 r^2 + k_2 r^4 + k_3 r^6) \end{array} \right\} \tag{2-23}$$

式中　k_i（$i = 1$，2，3）——描述该物镜系统径向畸变的系数；

　　　　r——该像点的径向。

r 可用以下近似公式计算：

$$r = \sqrt{x^2 + y^2} \tag{2-24}$$

式中　（x，y）——该像点的坐标。

47

偏心畸变差的计算公式为

$$
\left.\begin{aligned}
\Delta x &= p_1\left(r^2 + 2x^2\right) + 2p_2 xy \\
\Delta y &= p_2\left(r^2 + 2y^2\right) + 2p_1 xy
\end{aligned}\right\}
\tag{2-25}
$$

式中 p_i（$i = 1$，2）——描述该物镜系统偏心畸变的系数。

2.6.3 面阵内畸变

对于数码摄影机，面阵内变形参数有比例尺参数 b_1 和 修剪参数 b_2，由其引起的畸变为

$$
\left.\begin{aligned}
\Delta x &= b_1 x + b_2 y \\
\Delta y &= b_1 y + b_2 x
\end{aligned}\right\}
\tag{2-26}
$$

比例尺参数 b_1 代表了非方形像元的尺寸，修剪参数 b_2 用来补偿像素阵列的非正交特性。总的畸变可计算为

$$
\left.\begin{aligned}
\Delta x &= x(r^2 k_1 + r^4 k_2 + r^6 k_3) + (r^2 + 2x^2)p_1 + 2xyp_2 + xb_1 + yb_2 \\
\Delta y &= y(r^2 k_1 + r^4 k_2 + r^6 k_3) + 2xyp_1 + (r^2 + 2y^2)p_2 + b_1 y + b_2 x
\end{aligned}\right\}
\tag{2-27}
$$

2.6.4 影像重采样

当欲知不位于矩阵（采样）点上的原始函数 $g(x，y)$ 的数值时就需进行内插，此时称为重采样，即在原采样的基础上再次采样。为了改正主点坐标位置，纠正构像畸变，需要进行影像重采样，我们采用双线性插值法。

双线性插值法的卷积核是一个三角形函数，其表达式为

$$
W(x) = 1 - \Delta x \quad (0 \leqslant |x| \leqslant 1)
\tag{2-28}
$$

此时需要该点 P 邻近的 4 个原始像元素参加计算，如图 2-24 所示。图 2-24b 表示式（2-28）的卷积核图形在沿两个方向进行重采样时所应放的位置。

计算可沿 x 轴方向和 y 轴方向分别进行，即先沿 y 轴方向分别对点 a、b 的灰度值重采样，再利用该两点沿 x 轴方向对 P 点重采样。在任一方向做重采样计算时，可使卷积核的 O 点与 P 点对齐，以读取其各原始像元素处的相应数值。实际上可以把两个方向的计算合为一个，即按上述运算过程，经整理归纳后直接计算出 4 个原始点对点 P 所

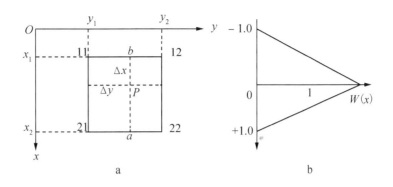

图 2-24 双线性插值原理

做贡献的"权"值，以构成一个 2×2 的二维卷积核 W（权矩阵），再把它与 4 个原始像元灰度值构成的 2×2 点阵 I 做阿达玛积运算得出一个新的矩阵。然后把这个新的矩阵元素相累加，即可得到重采样点的灰度值 $I(P)$ 为

$$I(P) = \sum_{i=1}^{2} \sum_{j=1}^{2} I(i,j) \times W(i,j) \tag{2-29}$$

其中

$$I = \begin{bmatrix} I_{11} & I_{12} \\ I_{21} & I_{22} \end{bmatrix}, \quad W = \begin{bmatrix} W_{11} & W_{12} \\ W_{21} & W_{22} \end{bmatrix}$$

$$W_{11} = W(x_1)W(y_1), \quad W_{12} = W(x_1)W(y_2)$$

$$W_{21} = W(x_2)W(y_1), \quad W_{22} = W(x_2)W(y_2)$$

由式（2-29）及图 2-24 有

$$W(x_1) = 1 - \Delta x, \quad W(x_2) = \Delta x$$

$$W(y_1) = 1 - \Delta y, \quad W(y_2) = \Delta y$$

而

$$\Delta x = x - \mathrm{INT}(x), \quad \Delta y = y - \mathrm{INT}(y)$$

则 P 点的灰度重采样值为

$$I(P) = W_{11}I_{11} + W_{12}I_{12} + W_{21}I_{21} + W_{22}I_{22}$$

$$= (1 - \Delta x)(1 - \Delta y)I_{11} + (1 - \Delta x)\Delta yI_{12+} + \Delta x(1 - \Delta y)I_{21} + \Delta x\Delta yI_{22}$$

$$\tag{2-30}$$

这里 I_{ij}（$i = 1, 2; j = 1, 2$）表示 ij 点的灰度值，$I(P)$ 表示 P 点的灰度值。影像重采样计算的部分源代码如下：

While（a＞1E－004｜｜b＞1E－004）

{

r＝tx＊tx＋ty＊ty；

float m＝k1＊r＋k2＊r＊r＋k3＊r＊r＊r；　　　　　//简化公式

dx＝tx＊m＋p1＊（r＋2＊tx＊tx）＋2＊p2＊tx＊ty＋b1＊tx＋b2＊ty；

dy＝ty＊m＋p2＊（r＋2＊ty＊ty）＋2＊p1＊tx＊ty；

a＝tx－（float）（（i＋1/2）＊p/1000.0－dx）；　　　//设定阈值

b＝ty－（float）（（j＋1/2）＊p/1000.0－dy）；　　　//设定阈值

if（a＜0）

　{a＝－a；}

if（b＜0）

　{b＝－b；}

tx＝float（（i＋1/2）＊p/1000.0－dx）；

ty＝float（（j＋1/2）＊p/1000.0－dy）；

}

影像重采样的具体计算流程如图2－25所示。

对于数码摄影机，其主点坐标不为零，对影像进行系统误差改正时，还得同时对影像的主点进行平移。对一个像素来说，主点坐标的改正是一个固定值，因此，主点坐标的改正与系统误差引起的改正可

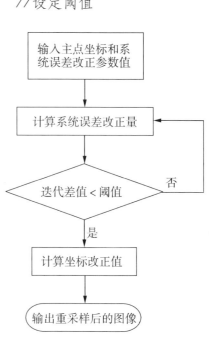

图2－25　影像重采样流程

以进行简单的叠加，也可以合并处理。从图2－24可以看出，这些改正值都与原图像直接相关，因此只能采用迭代的方法计算这些改正值。图像重采样是由采用后的图像像素坐标计算原图像与之对应的坐标。

2.7　精度分析

2.7.1　重采样前后参数比较

采用 Australis 软件检校，获取了重采样前后摄影机内方位元素、镜头畸变参数及面阵内畸变参数，其结果列于表 2 − 5 中。由表 2 − 5 可知：重采样后主点坐标误差小于 1 μm，即小于 1/18 像元；其他畸变参数也分别减小了 1~3 个数量级。

表 2 − 5　摄影机内方位元素及畸变参数对照

参数	重采样前	重采样后	备注
C	5.209 4E + 001	5.209 2E + 001	主距（mm）
X_P	1.867 0E − 001	− 9.520 7E − 004	主点坐标（mm）
Y_P	4.849 6E − 001	− 2.606 0E − 003	
k_1	2.558 5E − 005	− 2.146 0E − 008	径向畸变参数
k_2	− 1.008 4E − 008	4.241 4E − 010	
k_3	− 1.807 1E − 012	− 4.629 3E − 013	
P_1	− 4.438 5E − 006	1.731 1E − 007	偏心畸变参数
P_2	− 3.762 8E − 006	2.537 9E − 007	
b_1	4.401 0E − 005	− 2.088 7E − 006	面阵内畸变参数
b_2	− 3.699 0E − 006	− 1.924 4E − 006	

重采样前的中心投影影像如图 2 − 26 所示。

重采样后的中心投影影像如图 2 − 27 所示。

图 2 −26　重采样前中心投影影像

图 2 −27　重采样后中心投影影像

重采样前后偏心畸变及径向畸变最大值及曲线比较绘于图 2 −28、图 2 −29 中。

由此可见，重采样后主点坐标、偏心畸变和径向畸变对坐标的误差影响小于 2 μm。

2.7.2　定向精度分析

对同一对数码摄影机拍摄的航空像片，用数字摄影测量工作站 JX4DPW，分辨率为

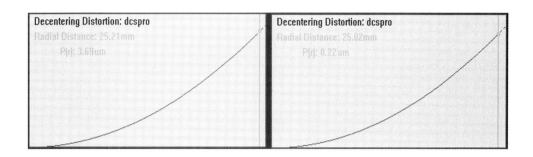

图 2-28 图像重采样前后偏心畸变最大值及曲线比较

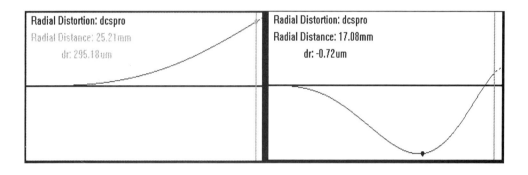

图 2-29 图像重采样前后径向畸变最大值及曲线比较

0.02 mm，在相同核线倍率、相同放大倍数的情况下，进行相对定向和绝对定向，绝对定向的标志点为相同的 23 个地标点。重采样前后相对定向结果如图 2-30、图 2-31 所示。相对定向、绝对定向精度列于表 2-6。

图 2-30 重采样前相对定向结果

图 2-31 重采样后相对定向结果

表2-6 重采样前后定向精度对照

参数		重采样前	重采样后
相对定向	中误差（mm）	±0.009	±0.007
	定向点个数	178	446
绝对定向 中误差	M_x（m）（N）	±0.830	±0.054
	M_y（m）（E）	±0.514	±0.038
	M_z（m）（H）	±0.976	±0.102

重采样前相对定向点为178个，点数较少且集中在中部；重采样后，相对定向点变为446个且分布均匀。同一对照片重采样后，绝对定向平面精度提高14倍，高程精度提高约10倍。数码摄影机的检校精度已经满足相对定向精度0.02 mm的要求，重采样程序正确可靠，从而进一步验证了数码摄影机检校的必要性。

2.7.3 摄影测量精度分析

摄影测量是通过摄影测量的方法，对近距离目标确定其外形、形态和几何位置的技术。为进一步验证数码摄影机检校的可靠性以及数字摄影测量的可行性，我们在居庸关附近选择了摄影测量区域，其实景见图2-32。在该区域内共计布设了15个控制标志点，其标志见图2-33。

图2-32 摄影实景影像

图2-33 控制点标志

该区域地形为山地，摄影方向的最远距离约800 m，最近距离约300 m，摄站设在对面的半山坡，摄影基线约100 m，拍摄采用交向摄影方式，影像重叠度达97%，按平均距离计算，摄影方向的平均距离约550 m，即基线－摄距比接近1∶6。所拍摄影像经零级处理后，利用数字摄影测量工作站（JX4系统）进行数字定向，其相对定向结果见图2－34，绝对定向结果见图2－35。

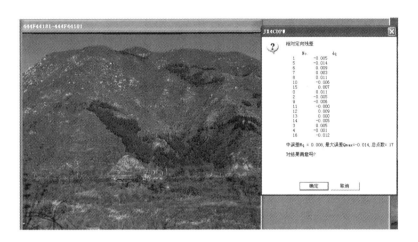

图2－34　相对定向结果

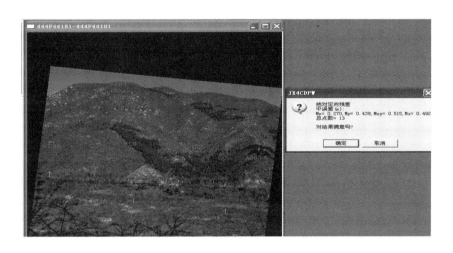

图2－35　绝对定向结果

相对定向精度统计结果如下：

中误差：$M_q = 0.008$。最大误差：$Q_{max} = -0.014$。总点数 = 17。

绝对定向的精度统计结果如下：

中误差：$M_x = 0.270$。$M_y = 0.439$，$M_{xy} = 0.515$，$M_z = 0.492$。总点数 = 13。

2.8　小结

数码摄影机的检校是整个研究工作的基础，决定着所有后续工作的价值和意义，通过检校工作及分析获得以下几点结论：

（1）检校数据和摄影测量试验数据表明，数码摄影机检校精度高，达到子像元级，所得各项参数稳定且正确可靠。

（2）为了量测性需要，数码摄影机机身须进行机械固定，否则会引起摄影机参数的不稳定。

（3）必须多方位地获取大量的影像才能得到高精度可靠的检校结果。

（4）条件允许时尽可能建立三维检校场，以消除检校参数间的病态相关性。

（5）检校场标志点的建立方法和检校软件 Australis 的使用，为今后数码摄影机的检校提供了成功的范例。

（6）大面阵数码摄影机的成功检校为数码航空摄影测量研究提供了前提并奠定了基础。

3   多面阵数码摄影机拼接和虚拟中心投影影像生成

由于单个数码摄影机的 CCD 芯片小，在航空摄影时地面覆盖就比较小，从而造成航空摄影测量内、外业工作量成倍增加。目前，覆盖面小已成为数码摄影机在航空摄影测量中应用的主要障碍。通常的解决办法是采用多面阵拼接技术，有内视场拼接和外视场拼接两种方法。内视场拼接是采用一个镜头，在机身内进行棱镜分像，用多块 CCD 面阵接收不同区域的影像，这种方法基于单中心成像原理，理论严密，但对制造工艺及相关的电子技术要求较高，开发成本较大。外视场拼接就是采用多台摄影机按一定的几何结构固定，然后同步拍摄，利用软件将获取的影像进行拼接形成一幅完整航片，这种方法不是严密的单中心成像，理论和试验表明对精度影响较小，对硬件的要求相对较低。目前，多采用外视场拼接技术，SWDC 航空摄影仪也采用这种技术，下面对该技术进行阐述。

3.1   多面阵数码摄影机设计

基于外视场拼接的多面阵数码摄影机是将多台（两台以上）单中心数码摄影机按特定的角度进行固定构成的。利用重叠度或像幅（拼接后）与单摄影机 CCD 面阵倾角的关系来确定单中心数码摄影机的固定角度，完成对摄影机的理论设计。

3.1.1 单摄影机CCD面阵倾角计算的数学模型

如图 3 - 1 所示，*CD* 为单摄影机的 CCD 幅面宽，*AB* 为单摄影机纠正到水平位置（虚拟）时幅面宽度，*OE = OF = f* 为摄影机的主距，两摄影机拼接后的幅面宽为 *2AF*，重叠度为 *2BF/AB*。CCD 面阵倾角为 $\angle CHA$，$\angle 2 = \angle CHA$。现推导倾角与重叠度、倾角与拼后像幅之间的关系式如下：

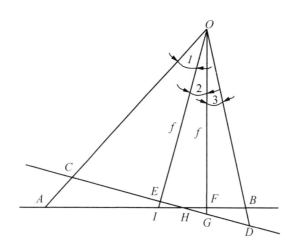

图 3 - 1　CCD 与虚拟水平面的关系

$$\angle 1 = \arctan\ (CE/f) \tag{3-1}$$

$$AF = f\tan\ (\angle 1 + \angle 2) \tag{3-2}$$

$$BF = f\tan\angle 3 = f\tan\ (\angle 1 - \angle 2) \tag{3-3}$$

$$2BF/AB = 2BF/\ (AF + BF)$$

$$= 2f\tan\ (\angle 1 - \angle 2)\ /\ [f\tan\ (\angle 1 + \angle 2)\ + f\tan\ (\angle 1 - \angle 2)]$$

$$= 2\tan\ (\angle 1 - \angle 2)\ /\ [\tan\ (\angle 1 + \angle 2)\ +\ \tan\ (\angle 1 - \angle 2)] \tag{3-4}$$

$$2AF = 2f\tan\ (\angle 1 + \angle 2) \tag{3-5}$$

式（3-4）为重叠度与倾角之间的关系式。式（3-5）为纠正后像幅与倾角之间的关系式。据此可根据需要的重叠度或纠正后像幅宽度来确定 CCD 的倾角，完成摄影机的理论拼接。

以上的公式推导是基于两台摄影机同一中心进行拼接来进行的，这时计算的倾角存在一些理论误差；由于机械加工精度较低，这些误差不会对摄影机的设计造成影响。如果采用四台摄影机进行拼接，可利用相同公式计算另一方向的倾角。

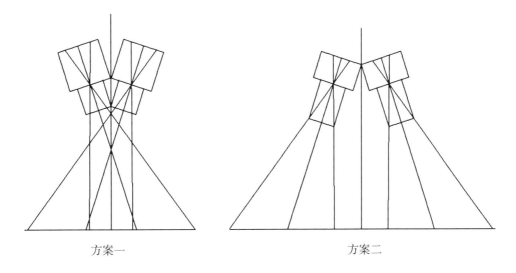

方案一　　　　　　　　　　　　　　方案二

图 3-2　摄影机拼接方案设计

3.1.2　多面阵数码摄影机的设计方案

基于外视场拼接的多面阵摄影机将会出现多个投影中心，这在理论上是不严格的，为减小由此引起的误差，设计摄影机时应该尽可能使各投影中心之间距离为最小。摄影机设计有两种方案（图 3-2），依照各投影中心之间距离最小的原则，根据各摄影机实际情况决定采用的最终方案。然后进行机械设计和加工，完成摄影机的机械拼接。在这个项目中，根据实际情况采用了方案一。

两台摄影机的拼接原理与效果如图 3-3 所示，而四台摄影机的拼接原理与其完全相同。

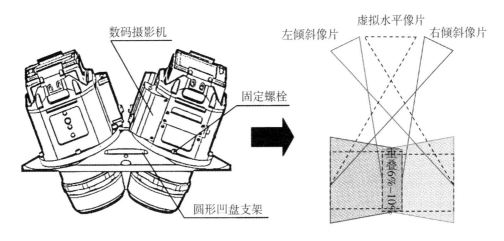

图 3-3　双拼摄影机的虚拟单中心投影影像原理与效果

3.2 多面阵数码摄影机检校

3.2.1 多面阵数码摄影机的检校步骤

多面阵数码摄影机是由多个摄影机通过机械连接组成的，因此多面阵摄影机检校的第一步是每台摄影机的单独检校，第二步是测定各摄影机间的"相对外方位元素"及各摄影机间的同步精度。这里只讨论两摄影机拼接的情况，四摄影机拼接与其类似。

1. 摄影机间"相对外方位元素"的标定

摄影机一旦固定，相对位置就确定下来，每个摄影机相对于虚平面坐标系的"外方位元素"（称为"相对外方位元素"）也就确定下来。拼接前，必须将其标定，作为初始值参与纠正计算。

将固定好的摄影机对检定场进行拍照，以双摄影机为例，影像如图3-4所示。利用后方交会法求取两摄影机拍摄时的外方位元素，进而求取两摄影机对虚平面的"相对外方位元素"。

图3-4 摄影机检校影像

首先定义几个坐标系。

（1）像空系：以摄站点为坐标原点，以像平面坐标系的 x、y 轴指向为坐标轴指向，用右手定则确定 z 轴指向定义的坐标系。

（2）虚像空系：以两摄影机摄站点中点为坐标原点的虚像空间坐标系，其 x、y 轴由虚影像与原影像之间的关系来确定，用右手定则确定 z 轴指向定义的坐标系。

（3）像辅系：摄站点为坐标原点，以虚像空系的 x、y 轴指向为坐标轴指向，用右手定则确定 z 轴指向定义的坐标系。

（4）虚地空系：以虚影像主光轴与地面的交点为坐标原点，以虚像空系的 x、y 轴指向为坐标轴指向，用右手定则确定 z 轴指向定义的坐标系。

（5）虚地辅系：以地面上任一点为坐标原点，以高斯投影地面坐标系的 x 轴为 Y 轴，以其 y 轴为 X 轴，用右手定则确定 z 轴指向定义的坐标系。

$$\begin{pmatrix} u_{V1} \\ v_{V1} \\ w_{V1} \end{pmatrix} = R_{V1} \begin{pmatrix} x_1 \\ y_1 \\ -f_1 \end{pmatrix} \tag{3-6}$$

$$\begin{pmatrix} u_{H1} \\ v_{H1} \\ w_{H1} \end{pmatrix} = R_{H1} \begin{pmatrix} x_1 \\ y_1 \\ -f_1 \end{pmatrix} \tag{3-7}$$

式中 $(x_1，y_1)$ ——摄影机一的像方坐标；

f_1 ——摄影机一的主距；

$(u_{V1}，v_{V1}，w_{V1})$ ——摄影机一获取的影像在虚像空系中的坐标；

$(u_{H1}，v_{H1}，w_{H1})$ ——摄影机一获取的影像在虚地辅系中的坐标；

R_{V1} ——摄影机一像空系与虚像空系之间的旋转矩阵；

R_{H1} ——摄影机一像空系与虚地辅系之间的旋转矩阵。

由式（3-6）、式（3-7）可得

$$\begin{pmatrix} u_{V1} \\ v_{V1} \\ w_{V1} \end{pmatrix} = R_{V1} R'_{H1} \begin{pmatrix} u_{H1} \\ v_{H1} \\ w_{H1} \end{pmatrix} \tag{3-8}$$

同理，有

$$\begin{pmatrix} u_{V2} \\ v_{V2} \\ w_{V2} \end{pmatrix} = R_{V2} R'_{H2} \begin{pmatrix} u_{H2} \\ v_{H2} \\ w_{H2} \end{pmatrix} \tag{3-9}$$

式中 (u_{V2}, v_{V2}, w_{V2})——摄影机二获取的影像在虚像空系中的坐标；

(u_{H2}, v_{H2}, w_{H2})——摄影机二获取的影像在虚地辅系中的坐标；

R_{V2}——影像二像空系与虚像空系之间的旋转矩阵；

R'_{H2}——影像二像空系与虚地辅系之间的旋转矩阵。

由于影像一与影像二的虚拟影像为同一影像，并且影像一与影像二的像辅系的坐标轴指向一致，均是虚像空系指向，则由式（3-8）、式（3-9）可得

$$R = R_{V1} R'_{H1} = R_{V2} R'_{H2} \qquad (3-10)$$

式中 R——虚像空系和虚地辅系之间的旋转矩阵。

求取影像二倾角的旋转矩阵 R_{V2} 如下：

$$R_{V2} = R_{V1} R'_{H1} R_{H2} \qquad (3-11)$$

式中 R_{V1}——设计值；

R_{H1}——可由影像一单像片空间后方交会得到；

R_{H2}——可由影像二单像片空间后方交会得到。

取两摄站中点为拼接后虚影像的投影中心，则

$$\left. \begin{aligned} X_{HS0} &= \frac{1}{2}(X_{HS1} + X_{HS2}) \\ Y_{HS0} &= \frac{1}{2}(Y_{HS1} + Y_{HS2}) \\ Z_{HS0} &= \frac{1}{2}(Z_{HS1} + Z_{HS2}) \end{aligned} \right\} \qquad (3-12)$$

式中 $(X_{HS0}, Y_{HS0}, Z_{HS0})$——虚影像投影中心在虚地辅系中的坐标；

$(X_{HS1}, Y_{HS1}, Z_{HS1})$——摄站一在虚地辅系中的坐标；

$(X_{HS2}, Y_{HS2}, Z_{HS2})$——摄站二在虚地辅系中的坐标。

坐标 $(X_{HS1}, Y_{HS1}, Z_{HS1})$ 及 $(X_{HS2}, Y_{HS2}, Z_{HS2})$ 可通过对摄影机一和摄影机二做摄影机检校，由单像片空间后方交会法得到。

对式（3-12）做归零处理，有

$$\left. \begin{aligned} X'_{HS1} &= X_{HS1} - X_{HS0} \\ Y'_{HS1} &= Y_{HS1} - Y_{HS0} \\ Z'_{HS1} &= Z_{HS1} - Z_{HS0} \end{aligned} \right\} \qquad (3-13)$$

$$
\left.\begin{aligned}
X'_{HS2} &= X_{HS2} - X_{HS0} \\
Y'_{HS2} &= Y_{HS2} - Y_{HS0} \\
Z'_{HS2} &= Z_{HS2} - Z_{HS0}
\end{aligned}\right\} \tag{3-14}
$$

此时，两摄影机的摄站点坐标由虚地辅系变换到虚像空系中，由式（3-8）、式（3-9）、式（3-10）得

$$
\begin{pmatrix} X_{VS1} \\ Y_{VS1} \\ Z_{VS1} \end{pmatrix} = R \begin{pmatrix} X'_{HS1} \\ Y'_{HS1} \\ Z'_{HS1} \end{pmatrix} \tag{3-15}
$$

$$
\begin{pmatrix} X_{VS2} \\ Y_{VS2} \\ Z_{VS2} \end{pmatrix} = R \begin{pmatrix} X'_{HS2} \\ Y'_{HS2} \\ Z'_{HS2} \end{pmatrix} \tag{3-16}
$$

式中　$(X_{VS1}, Y_{VS1}, Z_{VS1})$——虚像空系中摄站一的坐标；

　　　$(X_{VS2}, Y_{VS2}, Z_{VS2})$——虚像空系中摄站二的坐标。

式（3-11）、式（3-14）、式（3-16）为相对外方位元素的求解公式。

2. 摄影机同步试验

摄影机拼接的最终目的是用来进行航空拍照，最终影像的拼接是在两摄影机曝光完全同步基础上来进行的，摄影机的同步对影像的拼接影响巨大，因此必须进行摄影机同步精度的检测。为此我们设计了几个试验来测量摄影机的同步性。

应我们的要求，摄影机生产厂家对摄影机的曝光延迟进行了测试。测试条件：手动曝光（f/5.6，1/250 s），手动对焦，反光镜抬起。曝光延迟的定义：快门开关按下的时刻到闪光灯信号输出时刻的时间。

对不存储数据（仅摄影机）和存储数据（带数码后背）两种情况分别试验 50 次，如图 3-5 所示，测试结果如表 3-1 所示。

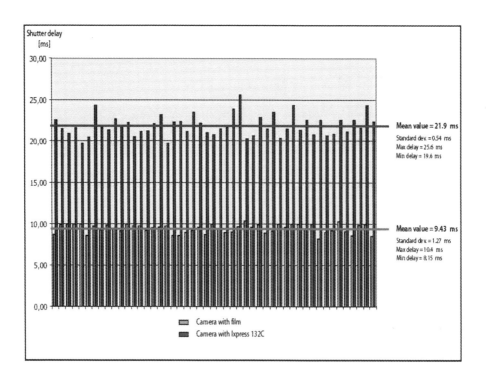

图 3-5　摄影机曝光延迟测试结果

表 3-1　单台摄影机曝光延迟测试的结果

不存储数据（仅摄影机）	存储数据（带数码后背）
平均延迟：9.43 ms	平均延迟：21.9 ms
最大延迟：10.4 ms	最大延迟：25.6 ms
最小延迟：8.15 ms	最小延迟：19.6 ms
标准差：0.54 ms	标准差：1.27 ms

以上是单台摄影机的测试，但每台摄影机的曝光延迟一般是不相同的，因此我们设计了多台摄影机同步测试方案并进行了测试。我们的方案是利用 GPS 机（定位导航仪）记录摄影机曝光信号，获取摄影机准确的曝光时刻。拟采用两台 GPS 机同时记录两台摄影机的曝光信号（图3-6b）。

为验证 GPS 之间的同步性，先采用两台 GPS 机同时记录一台摄影机的曝光信号（图 3-6a），结果表明 GPS 机完全同步。

由摄影机曝光延迟试验结果可以看出，存储数据与否对结果有较大影响，因此只对摄影机实际工作状态时的同步性进行试验。

为了检验同步性，做了大量的工作。试验时，四台摄影机均处于手动曝光（f/9.5，

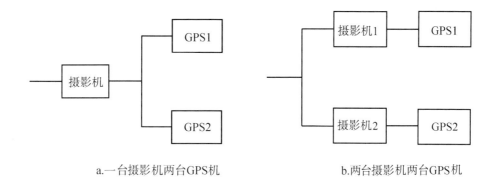

a.一台摄影机两台GPS机　　　　　　　　　b.两台摄影机两台GPS机

图3－6　利用 GPS 机记录摄影机曝光信号方案

1/350 s），手动对焦，反光镜处于抬起状态，同时给两摄影机发送快门释放信号，用两台 GPS 机分别记录两台摄影机的曝光时间，对四拼摄影机进行定时曝光 600 次的试验并记录同步性。试验证明，曝光同步性的标准差在 1 ms 以内。下面给出的是飞行控制计算机对每一次曝光同步性做的详细记录：

ptid：7，39.895635，116.223641，62.596000

fly direction：ck N

cameratime：12

exposuretime：2007--4--14--3--39--44

ticktime：573437

c_1：21

c_2：21

c_3：21

c_4：21

ptid：8，39.895634，116.224859，60.783000

fly direction：ck N

cameratime：13

exposuretime：2007--4--14--3--39--50

ticktime：579864

c_1：21

c_2：21

$c\_3: 22$

$c\_4: 21$

3.2.2　检校结果可靠性试验

根据以上检校理论公式，对摄影机进行了检校，并利用检校所得对数对试验影像进行了拼接，得到较好的结果（详见第3.4节）。

3.3　多面阵数码摄影机影像纠正与拼接原理及拼接误差分析

3.3.1　影像纠正的数学模型

众所周知，单张航拍像片的外方位元素中的线元素（投影中心坐标）是无法通过影像处理来改变的，而角元素可以通过重采样来进行纠正。多面阵摄影机基于多投影中心来进行拍摄，将多中心的影像拼接成一幅单中心的影像就必须进行线元素纠正，而这在理论上是不可能的。为了实现拼接构建一幅"单中心"的虚影像，就只能先将地面假定为一个平面进行纠正，这样就必然会因为实际地面的起伏造成纠正误差，这是理论误差，不可避免，事后通过其他方法也不能削弱。

首先建立以 S_1 为原点的像空间坐标系，其 x、y 轴与影像的像素排列方向平行；根据第3.2节的检校结果，建立以 S_0 为原点的虚像空间坐标系（与像辅系相同），其 x、y 轴由虚影像与原影像之间的关系来确定；建立以 O 为原点的虚地面辅助坐标系（简称地辅系），其 x、y 轴与虚像空间坐标系的 x、y 轴平行；建立以 S_1 为原点的像空间辅助坐标系，其 x、y 轴与虚地面辅助坐标系 x、y 轴平行。

根据这些坐标系间的关系（图3-7），H 为航高，在虚地面坐标系中，各点坐标为 O（0，0，0）、S_0（0，0，H）、S_1（X_{VS1}，Y_{VS1}，$H+Z_{VS1}$）、A（X，Y，0）；在像辅系中，a_1（u，v，w）；在像空系中，a_1（x_1，y_1，$-f_1$）；在虚空系中，a_0（x_0，y_0，$-f_0$）。

S_1、a_1、A 共线，由共线方程式可知

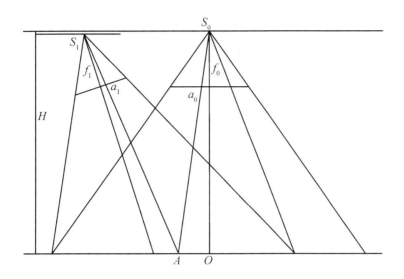

图 3-7 影像纠正原理

$$x_1 = -f_1 \frac{a_1 (X - X_{VS1}) + b_1 (Y - Y_{VS1}) + c_1 (0 - H - Z_{VS1})}{a_3 (X - X_{VS1}) + b_3 (Y - Y_{VS1}) + c_3 (0 - H - Z_{VS1})}$$
$$\left. y_1 = -f_1 \frac{a_2 (X - X_{VS1}) + b_2 (Y - Y_{VS1}) + c_2 (0 - H - Z_{VS1})}{a_3 (X - X_{VS1}) + b_3 (Y - Y_{VS1}) + c_3 (0 - H - Z_{VS1})} \right\} \qquad (3-17)$$

S_0、a_0、A 共线，由共线方程式可知

$$\left. \begin{array}{l} X = \dfrac{x_0}{f_0} H \\[3mm] Y = \dfrac{y_0}{f_0} H \end{array} \right\} \qquad (3-18)$$

将式（3-18）代入式（3-17），整理并令

$$\left. \begin{array}{l} X_1 = \dfrac{f_0}{H} X_{VS1} \\[3mm] Y_1 = \dfrac{f_0}{H} Y_{VS1} \\[3mm] Z_1 = \dfrac{f_0}{H} Z_{VS1} \end{array} \right\} \qquad (3-19)$$

得到

$$
\left.
\begin{aligned}
x_1 &= -f_1 \frac{a_1 (x_0 - X_1) + b_1 (y_0 - Y_1) - c_1 f_0 - c_1 Z_1}{a_3 (x_0 - X_1) + b_3 (y_0 - Y_1) - c_3 f_0 - c_3 Z_1} \\
y_1 &= -f_1 \frac{a_2 (x_0 - X_1) + b_2 (y_0 - Y_1) - c_2 f_0 - c_2 Z_1}{a_3 (x_0 - X_1) + b_3 (y_0 - Y_1) - c_3 f_0 - c_3 Z_1}
\end{aligned}
\right\}
\tag{3-20}
$$

式（3-20）即为原影像与虚影像间的转换关系式，称为广义共线方程式。

当 X_{VS1}、Y_{VS1}、Z_{VS1} 为 0 时，虚影像与原影像投影中心重合，式（3-20）成为倾斜影像纠正至"水平"影像的严密公式：

$$
\left.
\begin{aligned}
x_1 &= -f_1 \frac{a_1 x_0 + b_1 y_0 - c_1 f_0}{a_3 x_0 + b_3 y_0 - c_3 f_0} \\
y_1 &= -f_1 \frac{a_2 x_0 + b_2 y_0 - c_2 f_0}{a_3 x_0 + b_3 y_0 - c_3 f_0}
\end{aligned}
\right\}
\tag{3-21}
$$

利用式（3-20）、式（3-21）可以计算出虚影像上整像素点对应的原影像上的位置，进行重采样便可获得虚影像。这两式是由虚影像坐标计算原影像坐标的，称为"反算"公式。

根据设计倾角（或经平台检校精确求出，四拼摄影机的设计倾角分别为 $\phi = 20°$、$\omega = 16°$），分别将倾斜影像纠正成水平影像，以便进行影像匹配与精确虚拟影像拼接。图 3-8 为四台摄影机的位置分布以及原始、水平纠正影像示意图，图中标号顺序的变化是由于各台摄影机有一定的倾角造成的。

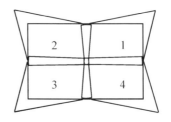

图 3-8　四台摄影机的位置和原始与水平纠正影像示意

3.3.2　影像匹配

在纠正影像十字形重叠范围内，自动匹配影像间的同名点是生成虚拟影像的前提和难点，它不仅要求精度高、速度快，而且要相当稳健。Harris 算子是在计算机视觉领域使用非常广泛的点特征提取算子，算法简单、稳定。采用改进的 Harris 算子，试验证明，该检测法具有更高的可靠性和准确度。提取特征点后，先用相关系数法根据限差确定每个特征点的候选匹配点，由于投影差较小，匹配成功率比较高，然后利用整体松弛匹配方法确定每一特征点最优的匹配结果。获取像元精度级匹配结果后，还必须进行子像元级匹配，即利用最小二乘方法进行高精度相关，以提高影像拼接时的精度。

在每个重叠区域分 6 个小区域，每个区域匹配 30 个点，共 180 个点，四幅影像的重叠区域共匹配近 1 000 个点，如图 3 - 9 所示。

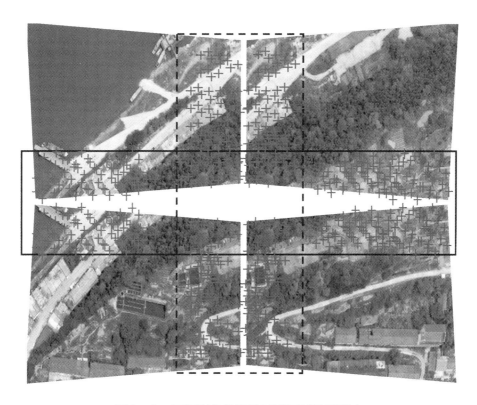

图 3 - 9　四幅影像的重叠匹配区域及匹配点

3.3.3　拼接误差分析

由于多中心影像纠正成一幅单中心虚影像存在理论误差，为了掌握影响误差大小的因素，在实际操作中尽量削弱其影响，现对拼接误差进行分析。

如图 3 - 10 所示，H_0 为地面 A 点相对虚地平面的高程，则其在虚影像的实际坐标为 a_0'。a_0 与 a_0' 的差值就是由于纠正引起的误差。

为计算拼接误差值，需推导"正算"公式，具体过程与前面"反算"公式推导相似，结果如下：

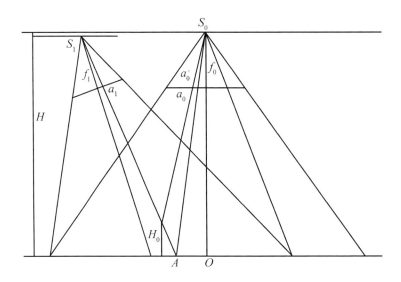

图 3-10　影像纠正误差分析

$$
\left.\begin{aligned}
x_0 &= -f_0 \frac{(a_1 x_1 + a_2 y_1 - a_3 f_1)(H - H_0 + Z_{VS1})}{(c_1 x_1 + c_2 y_1 - c_3 f_1)(H - H_0)} + f_1 \frac{X_{VS1}}{H - H_0} \\
y_0 &= -f_0 \frac{(b_1 x_1 + b_2 y_1 - b_3 f_1)(H - H_0 + Z_{VS1})}{(c_1 x_1 + c_2 y_1 - c_3 f_1)(H - H_0)} + f_1 \frac{Y_{VS1}}{H - H_0}
\end{aligned}\right\}
\tag{3-22}
$$

由于 Z_{VS1} 相对 $H - H_0$ 是微小值，实际计算时可以忽略，从而由式（3-22）可得到

$$
\left.\begin{aligned}
\Delta x_0 &= f_1 X_{VS1} \frac{\dfrac{H_0}{H}}{H\left(1 - \dfrac{H_0}{H}\right)} \\[2em]
\Delta y_0 &= f_1 Y_{VS1} \frac{\dfrac{H_0}{H}}{H\left(1 - \dfrac{H_0}{H}\right)}
\end{aligned}\right\}
\tag{3-23}
$$

从式（3-23）可以看出，拼接误差只与虚影像主距 f_0、虚投影中心与原投影中心的距离及地面点的"高程"和绝对航高有关。一般地，为不改变影像的实际分辨力，虚影像主距尽量与摄影机的实际主距一致。因此，在摄影机拼接设计时尽量使两摄影机靠近，使虚投影中心与原投影中心的距离尽量小，以减小拼接误差。摄影机固定后，拼接误差只与 H_0/H 和 H 的值有关。

以 JXDC58 型数码航空摄影机为例，摄影机主距为 35 mm，两投影中心距离为 50 mm，则拼接误差和航高、H_0/H 的关系如图 3-11 所示，在航高为 300 m、$H_0/H =$

0.3 时，最大拼接误差只有 0.28 像素，影响非常小。

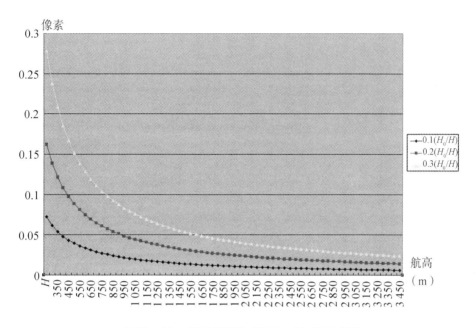

图 3-11　拼接误差和航高、H_0/H 的关系

3.3.4　内部相对定向

由于机械安装的不稳定性以及摄影机曝光的微小时间差，在实际拍摄时，各个摄影机的相对位置关系会与安装后平台检校时的值有微小差异。为减小由此引起的误差，根据影像重叠范围内自动匹配获取的高精度（0.3 像素）同名像点，利用光线束法平差的方法精确求出各个摄影机的相对位置关系，这称为内部相对定向。与常规相对定向不同，它引入了线方位的微小平移，这在理论上对于高程起伏地区是不严密的，但经第 3.3.3 节理论推导，在一定的误差允许范围内，其影响可以忽略不计。

由于角元素与线元素之间具有较强的相关性，不易一起作为未知参数求解，考虑到线方位误差影响较小，并且可以通过技术手段准确获取，在平差计算时，将线方位平移量作为已知值，只将角方位元素作为未知数求解。

如图 3-8 所示，假定四个水平纠正影像的旋转角分别为 ϕ_i、ω_i、κ_i（$i = 1, \cdots, 4$），则对应的旋转矩阵 R_i 为

$$R_i = \begin{bmatrix} a_{i1} & a_{i2} & a_{i2} \\ b_{i1} & b_{i2} & b_{i3} \\ c_{i1} & c_{i2} & c_{i3} \end{bmatrix}$$

$$= \begin{bmatrix} \cos\phi_i\cos\kappa_i - \sin\phi_i\sin\omega_i\sin\kappa_i & -\cos\phi_i\sin\kappa_i - \sin\phi_i\sin\omega_i\cos\kappa_i & -\sin\phi_i\cos\omega_i \\ \cos\omega_i\sin\kappa_i & \cos\omega_i\cos\kappa_i & \cos\omega_i\cos\kappa_i \\ \sin\phi_i\cos\kappa_i + \cos\phi_i\sin\omega_i\sin\kappa_i & -\sin\phi_i\sin\kappa_i + \cos\phi_i\sin\omega_i\cos\kappa_i & \cos\phi_i\cos\omega_i \end{bmatrix}$$

$$(3-24)$$

投影中心坐标相对于 1 号摄影机为 D_{x_i}、D_{y_i}、D_{z_i}（$i = 1, \cdots, 4$）。各个摄影机的投影中心坐标根据 GPS 机记录的曝光信号以及相互间的曝光时间差，经 GPS 或 GLONASS（格洛纳斯系统）后处理差分软件 WayPoint 或精密单点定位（Precise Point Positioning, PPP）软件解算得到。现以 1 号摄影机为参考，即 $\phi_1 = \omega_1 = \kappa_1 = 0$，$R_1 = E$，$D_{x_1} = D_{y_1} = D_{z_1} = 0$。在摄影时，四台摄影机同步曝光且投影中心间距很小（x、y 方向分别为 0.145 m、0.113 m），可以认为四台投影中心的 Z 坐标相等，即 $D_{z_1} = D_{z_2} = D_{z_3} = D_{z_4} = 0$。在仅考虑 D_x 与 D_y 影响的情况下，其余三台摄影机水平纠正影像上某一像点（x_i, y_i）在经过微小旋转和平移改正后的坐标（x_i', y_i'）为

$$\left.\begin{aligned} x_i' &= -f\frac{a_{i1}x_i + a_{i2}y_i - a_{i3}f}{c_{i1}x_i + c_{i2}y_i - c_{i3}f} + kD_{x_i} \\ y_i' &= -f\frac{b_{i1}x_i + b_{i2}y_i - b_{i3}f}{c_{i1}x_i + c_{i2}y_i - c_{i3}f} + kD_{y_i} \end{aligned}\right\}$$

$$(3-25)$$

其中，$k = f/H$，H 为平均相对航高；$i = 2, 3, 4$。根据重叠范围内同名点坐标相等原则，有

$$x_i' - x_j' = 0, \quad y_i' - y_j' = 0 \quad (3-26)$$

其中，下标 i、j 的取值共有四组，即 $(i, j) = \{(1, 2), (1, 4), (2, 3), (3, 4)\}$，并且 $x_1' = x_1$，$y_1' = y_1$。例如 $x_1' - x_2' = 0$，表示 1 号摄影机对应的水平纠正影像上某一像点坐标在经微小旋转和平移改正后应与 2 号水平影像上经旋转和平移改正后同名像点坐标相等。这样可以列出四组共 8 个方程，含 ϕ_i、ω_i、κ_i（$i = 2, 3, 4$）九个未知数，$\phi_1 = \omega_1 = \kappa_1 = 0$。

将式（3-24）、式（3-25）带入式（3-26）并线性化得

$$v_{x_{ij}} = -f\left(1 + \frac{x^2}{f^2}\right)\Delta\phi_i - \frac{xy}{f}\Delta\omega_i - y\Delta\kappa_i + f\left(1 + \frac{x^2}{f^2}\right)\Delta\phi_j - \frac{xy}{f}\Delta\omega_j - y\Delta\kappa_j - \left(x_i'^0 - x_j'^0\right)$$

$$v_{y_{ij}} = -\frac{xy}{f^2}\Delta\phi_i - f\left(1 + \frac{x^2}{f^2}\right)\Delta\omega_i - x\Delta\kappa_i + \frac{xy}{f^2}\Delta\phi_j + f\left(1 + \frac{x^2}{f^2}\right)\Delta\omega_j + x\Delta\kappa_j - \left(y_i'^0 - y_j'^0\right)$$

$$(3-27)$$

根据误差方程式构成法线方程式，并解算 9 个未知角元素的改正数，将改正数与未知数相加，构造新的法方程。

将误差方程写成矩阵形式：

$$V = AX + B$$

得最小二乘平差为

$$V^{\mathrm{T}}PV = \min, \quad X = \left(A^{\mathrm{T}}P^{\mathrm{T}}A\right)^{-1}A^{\mathrm{T}}PB \qquad (3-28)$$

并解算。如此逐渐趋近，直到前后两次改正值之差小于一个极限值（10^{-7}），迭代终止。试验表明，迭代三四次就可达到很好的结果。

3.4 影像的纠正与拼接

虚拟影像对应的投影中心一般取四台摄影机的平均值，由于各摄影机的间距很小，本书将 1 号摄影机的投影中心直接作为虚拟影像的投影中心，即 1 号摄影机水平纠正影像上的像点保持不变，将其余水平纠正影像上的像点按式（3-25）逐一投影到 1 号摄影机水平纠正影像上，便可得到最终的虚拟影像。在投影过程中，对于重叠区域部分的像素灰度值，采用加权平均的方法得到，对于非重叠部分直接取对应水平影像上的灰度值。最终虚拟影像的大小由拼接影像的最小内接矩形确定，如图 3-9 中虚线部分所示。

通过第 3.3 节的分析可以看到，将多中心影像纠正成为单中心的虚影像在一定条件下是可行的，纠正拼接前的原始影像如图 3-12 所示，纠正和拼接后的影像如图 3-13 所示。

虚拟单中心投影影像生成的流程如图 3-14 所示。

试验结果与理论分析完全一致，在摄影机同步曝光情况下，完全可以对倾斜影像进行纠正和拼接，并达到测图精度要求。这必将大大提高航摄飞行的工作效率，减小内业工作量，增大基高比，提高高程测量精度，使数码航摄仪更加经济实用。

图 3 - 12 拼接用原始影像

图 3 - 13 纠正和拼接后的影像

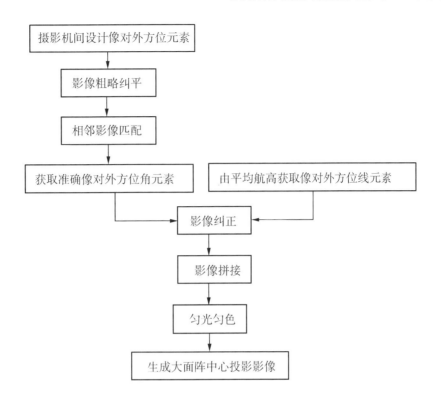

图 3 - 14　虚拟单中心投影影像生成的流程

3.5　拼接引起的测图误差分析

四拼摄影机的主要特点是高程精度高，最高可达 1 /10 000 以上（这一点将在第 5章中做详细介绍），这种精度令人难以相信，引起了人们的极大关注，下面详细分析一下其理论误差的大小。由于四拼摄影机所摄像片是由多台小面阵摄影机影像拼接而成的，其理论误差也应从单台摄影机的误差开始分析。前面提到各单台摄影机有不同的倾斜，摄影时是按照交向摄影方式进行的，进而与交向摄影精度有关。交向摄影虽然由于变形较大不便于人眼立体观测，在航空摄影中很少用到，但目前受 CCD 幅面的制约，正直摄影有了一定限度，为达到测定物点坐标的精度和便于摄影的安排，有时需要使用交向摄影。

图 3 - 15 中的粗实线为双接虚拟影像 - 立体像对，它们分别由其左右两个子影像拼接而来。地面点 A（$Z = \Delta h$）的坐标可由虚拟影像根据正直摄影公式和左右两个子影像

按照交向摄影公式（考虑微小平移）计算得到，而且两者是等效的。因此，虚拟影像的测图误差分析可以转变为子影像交向摄影时的精度分析。

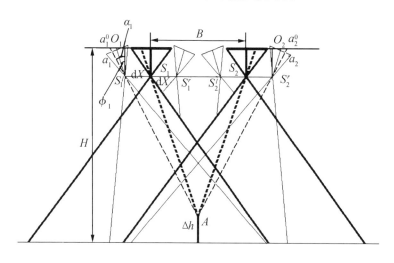

图 3-15　双拼立体模型

众所周知，正直摄影精度估算公式为

$$
\left.\begin{aligned}
M_X &= \pm \sqrt{\left(k_2 - k_1 k_2 \frac{x_1}{f}\right)^2 m_{x_1}^2 + \left(k_1 k_2 \frac{x_1}{f}\right)^2 m_{x_2}^2} \\
M_Y &= \pm \sqrt{k_2^2 m_{y_1}^2 + \left(k_1 k_2 \frac{y_1}{f}\right)^2 m_{x_1}^2 + \left(k_1 k_2 \frac{y_1}{f}\right)^2 m_{x_2}^2}
\end{aligned}\right\}
\tag{3-29}
$$

式中　k_1——构形系数，$k_1 = H/B$；

　　　k_2——成像比例尺系数，$k_2 = H/f$；

　　　H、B——平均航高与摄影基线；

　　　(x_1, y_1, x_2, y_2)——左右影像观测值；

　　　m_{x_1}、m_{x_2}、m_{y_1}——量测误差。

正常情况下，一般认定 $m_{x_1} = m_{x_2} = m_{y_1} = m$，则式（3-29）可写为

$$
\left.\begin{aligned}
M_X &= \pm m \sqrt{\left(k_2 - k_1 k_2 \frac{x_1}{f}\right)^2 + \left(k_1 k_1 \frac{x_1}{f}\right)^2} \\
M_Y &= \pm m \sqrt{k_2^2 + 2\left(k_1 k_2 \frac{y_1}{f}\right)^2} \\
M_Z &= \pm m \sqrt{2} k_1 k_2
\end{aligned}\right\}
\tag{3-30}
$$

当有 ϕ 角情况（图 3-15 左半部分所示，此时 $\phi = \phi_1$、$\alpha = \alpha_1$）下，"水平"像片

上点 a_1^0 坐标 ($\bar{x}$, $\bar{y}$) 与倾斜像片上点 a_1 的坐标 (x, y) 关系式为

$$
\left.\begin{array}{l}
\bar{x} = \dfrac{f(x\cos\phi + f\sin\phi)}{f\cos\phi - x\sin\phi} \\[4mm]
\bar{y} = \dfrac{f}{f\cos\phi - x\sin\phi}
\end{array}\right\}
\tag{3-31}
$$

对式（3-31）取 (x, y) 的微分，得到"倾斜"像片上点位误差对"水平"像片上点位 ($\bar{y} = 0$ 时）误差的影响：

$$
\left.\begin{array}{l}
d_{\bar{x}} = \dfrac{1 + \tan\alpha\tan\phi}{1 - \tan(\alpha - \phi)\tan\phi} \\[4mm]
d_{\bar{y}} = \dfrac{\sec\phi}{1 - \tan(\alpha - \phi)\tan\phi}
\end{array}\right\}
\tag{3-32}
$$

由线元素引起的平移误差为

$$
\left.\begin{array}{l}
\Delta_x = \dfrac{f}{H - \Delta h} \dfrac{\Delta h/H}{H(1 - \Delta h/H)} dX_0 \\[4mm]
\Delta_y = \dfrac{f}{H - \Delta h} \dfrac{\Delta h/H}{H(1 - \Delta h/H)} dY_0
\end{array}\right\}
\tag{3-33}
$$

虚拟影像上某一像点由于倾斜摄影和线性纠正的不严密所引起的点位偏移为

$$
\left.\begin{array}{l}
d_{x_v} = d_{\bar{x}} + \Delta_x \\[2mm]
d_{y_v} = d_{\bar{y}} + \Delta_y
\end{array}\right\}
\tag{3-34}
$$

将式（3-34）写成误差形式并将式（3-33）、式（3-34）代入得

$$
\left.\begin{array}{l}
m_{x_v} = \sqrt{d_{\bar{x}}^2 + \Delta_x^2} = \sqrt{\left(\dfrac{1 + \tan\alpha\tan\phi}{1 - \tan(\alpha - \phi)\tan\phi} m_x\right)^2 + \Delta_x^2} \\[5mm]
m_{y_v} = \sqrt{d_{\bar{y}}^2 + \Delta_y^2} = \sqrt{\left(\dfrac{1 + \tan\alpha\tan\phi}{1 - \tan(\alpha - \phi)\tan\phi} m_y\right)^2 + \Delta_y^2}
\end{array}\right\}
\tag{3-35}
$$

可见，与正直摄影时所有像点的测量精度都是常数不同，虚拟影像上像点的坐标测量精度是不同的，将式（3-35）代入正直摄影精度估算公式（X、Y 轴方向上的精度一般要高于 Z 轴方向上的精度，这里仅考虑高程误差），得到高程误差为

$$
M_Z = k_1 k_2 \sqrt{\left(\dfrac{1 + \tan\alpha_1\tan\phi}{1 - \tan(\alpha_1 - \phi)\tan\phi}\right)^2 m_{x_1}^2 + \left(\dfrac{1 + \tan\alpha_2\tan\phi}{1 - \tan(\alpha_2 - \phi)\tan\phi}\right)^2 m_{x_2}^2 + 2\Delta_x^2}
$$

$$
\tag{3-36}
$$

当 $H = 550$ m、$\Delta h = 50$ m，$B = 400$ m（重叠度 60%），$m_{x_1} = m_{x_2} = 1/4$ 像元（数码影像的测量精度比解析胶片扫描影像测量精度要高 1.3 倍，即可达到 1/4 个像素），基线范围内各点在不同交向角情况（$\phi = 0° \sim 45°$）下的高程精度如图 3 – 16 所示。当 ϕ 为定值时，高程精度曲线为一条抛物线；在基线中心点处，即 $\alpha_1 = \alpha_2$ 时，高程精度最高（四拼摄影机设计交向角 $\phi = 20°$，Z 轴方向上的精度为 5.6 ~ 5.9 cm）。若 $\alpha_1 = \alpha_2 = \alpha$，基线中心点处的高程精度随 ϕ 角的不同而变化，$\phi < \alpha$ 时随 ϕ 角的增大而增大，$\phi > \alpha$ 时随 ϕ 角的增大而减小，$\phi = \alpha$ 时取得最大值。因此，在实际应用中交向角的取值应在保证影像间有一定重叠的情况下尽量得小，以获得更高的高程精度。图 3 – 17 所示为不同的地面起伏对高程精度的影响，当地面起伏为航高的 1/10 时高程精度仅为 0.22 cm，当地面起伏为航高的 2/10 时高程精度为 1.04 cm。

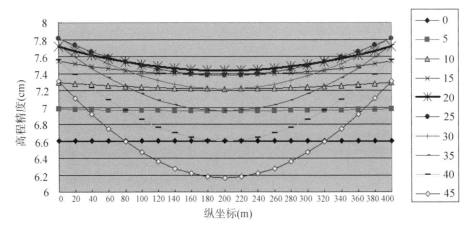

图 3 – 16　交向角对高程精度的影响

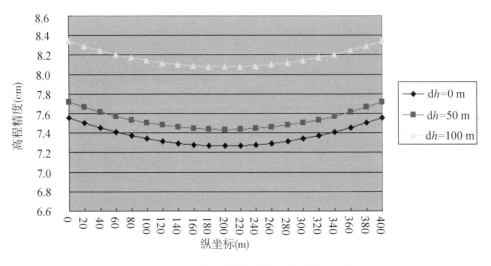

图 3 – 17　地形起伏对高程精度的影响

78

3.6　小结

本章重点讨论了多面阵数码摄影机的设计、检校和对所拍摄影像的纠正与拼接，阐述了整个系统的工作原理，并推导了相关公式。从拼接误差分析结果可以看到，对四拼摄影机系统来说，拼接误差非常小，理论上完全能够满足实际生产的要求；线性平移引起的误差很小，一般可以忽略不计。数码四拼摄影机的高程精度最高可达 1/10 000 以上，达到了与平面精度相当的水平。理论精度与实际精度相吻合，从理论上证明了拼接摄影机系统设计的科学性和可行性。

4 SWDC 数字航摄仪的总体设计

4.1 SWDC 数字航摄仪的控制设备

4.1.1 重力稳定平台

摄影机在空中进行拍摄时，要尽可能地使摄影机光轴垂直向下，除此之外，还要不停地修正旋偏角。该数码航空测量系统中采用了课题组自行研制的简易重力稳定平台来解决摄影机光轴垂直向下的问题。这个平台的主要作用原理是：通过摄影机的重力来调节摄影机在拍摄过程中的姿态，通过两个万向节来调节摄影机的 ϕ 角和 ω 角，由摄影员通过平台上的飞轮在一定范围内手动调节旋偏角 κ。简易的重力稳定平台如图 4-1 所示。

为了保证垂直摄影方式，对稳定平台有一检校过程，其目的是让摄影机摄影方向与在自由状态下的导杆处于同一铅垂线上，具体做法是：在平台中心悬挂一根细绳，绳的另一端系一重力块，重力块置于地面的标志板中心，用于稳定平台上的摄影机进行摄影，通过重力块影像是否位于整幅影像的几何中心来确定摄影的垂直性；若不满足要求，可以

图 4-1　重力稳定平台

通过在摄影机的某一侧加以配重来调节，反复实验，直到符合要求为止。

4.1.2 内置检影器与电动旋像装置

航空摄影的六个外方位元素中的三个角度方位元素是数字影像后续处理中三个非常重要的参数。由于受 SWDC 数字航空摄影机重力稳定平台和飞机巡航姿态的控制，角度方位元素中的俯仰角和侧滚角的角度不会变化很大。角度方位元素中的旋偏角 κ 过大，会对多个小影像的分布、影像构成状态、后续影像相关生产等处理带来不便，航空摄影一般要求旋偏角小于 14°。

此外，为方便航空摄影时能对地面进行实时预览，并且能减小航摄影像的旋偏角以及实现其他辅助功能，我们自行研制了航摄检影器，如图 4 - 2 所示。该检影器焦距为 20 mm，现经安置检校后摄像头与摄影机同轴、同方位，飞行员或摄影员可根据地物移动情况手动或电动调节 κ 旋钮，以使影像旋偏角符合规范要求。

SWDC 旋像控制采用了手动与自动相结合的模式，其检影器是通过安装在组合镜头旁边的摄影镜头来获取影像，并通过检影器自带的屏幕来观察影像。摄影员通过观察影像上的标志地物的方向来判断是否需要调节 κ 角。为便于调节影像旋偏角 κ，SWDC 在其转角系统中集成了数字罗盘，如图 4 - 3 所示。数字罗盘采用了 C100 型号，其获得角度精度为 1°，频率为 1 Hz。数字罗盘的信号通过中心控制计算机的串口输入给中心控制计算机。为了避免由于飞行平台的震动或其他原因引起的数字罗盘输出数据的波动，系统对接收的数字罗盘角度数据进行了滤波，除去了高频振荡部分，保证数字罗盘数据能够反映真实方向。

图 4 - 2 内置检影和飞行控制显示

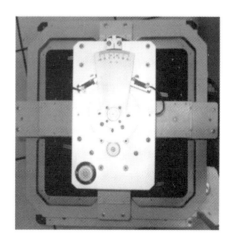

图 4 - 3 电动旋像装置

4.1.3　飞行控制器

空中飞行控制是航空摄影测量作业最为核心的部分，飞行控制管理系统是 SWDC 摄影机系统的心脏，SWDC 各个组成部分（如 GPS 信号双频接收机、数字罗盘、四台非量测摄影机、曝光信号传感器等）都是通过飞行控制管理系统连接起来的。从总体上来说，航空摄影测量空中作业飞行系统需要满足以下功能需求：飞机导航功能、GPS 通信功能、影像旋偏角 κ 的控制功能、飞机实时位置与速度计算功能、曝光驱动功能、曝光状态记录功能、设备工作状态记录功能等。SWDC 的飞行控制管理系统也是在满足这些性能的基础上设计的。

在吸收了传统胶片摄影机和国外数码航空摄影机的中心控制计算机的经验的基础上，参考了众多工业控制方法与工具，在工业控制常用的 ARM9 系列和 PC104 工控机两种中心控制计算机中，我们选择了 PC104 工控机作为中心控制计算机。工控机型号为 HCM/P3 - SEV。HCM/SEV 主板是与 IBM - PC/AT 标准完全兼容的 PC/104 CPU 模块。采用高能、低功耗嵌入式专用处理器 Transmeta TM5800，工作频率可选择533 MHz、733 MHz、933 MHz。主板包含 DMA（Direct Memory Access，直接内存存取）控制器，64 ~ 128 MHz DDR（习惯称谓，英文全称为 Double Data Rate Synchronous Dynamic Random Access Memory，双倍速率同步动态随机存储器）内存。主板外有固态盘插座〔支持 DiskOnChip（8 MB）〕，有标准并行口，有 2 个串行口，有 2 个 USB 口及 PS/2 键盘和鼠标接口。串行接口 COM2 可选择 RS - 232 或 RS - 485 接口标准。主板外还有 10 MB/100 MB 自适应 Ethernet 接口。其 LCD（Liquid Crystal Display，液晶显示器）接口支持36 bit TFT（Thin Film Transistor，薄膜场效应晶体管）及 STN（Super Twisted Nematic，超扭转向列）等类型的平板显示器，可在平板显示器和 CRT（Cathode Ray Tube，阴极射线管）显示器上同时显示。其看门狗电路具有定时计数功能。

从 HCM/P3 - SEV 工控机的技术参数来看，无论是中心芯片的计算频率、内存大小、对显示设备的支持，还是对外的接口数量和接口种类都能够满足 SWDC 数码航空摄影机中心控制的需要。考虑到飞行平台的震动效果和硬盘对高频震动的适应性，SWDC 数码航空摄影机的中心控制计算机的固定存储装置采用了 2 GB 的 flash 盘。flash 盘无机械运动、抗震动性强，能够保证中心控制计算机在飞行平台上的稳定。

中心控制计算机另一个核心组成部分是曝光传感器。曝光传感器的作用从根本上来说就是在计算机发出曝光的指令时，能够对外接设备发出波形信号，如向镜头发曝光信号、向 GPS 接收机发出 Marker 信号、向旋向系统发出制动信号等。SWDC 数字航空摄影机的曝光信号及其他信号的输出与 Marker 信号输入采用 ONYX – MM – DIO – XT 输入输出板。整个中心控制计算机由电源模块板、电路转换板、flash 盘固定板、ONYX – MM – DIO – XT 输入输出板、HCM/SEV 主板组合而成。整个中心控制计算机安置在具有减震效果的防护盒里。中心控制计算机和 GPS 接收机安置在中心控制箱中。

4.2　可更换镜头技术

不同的测绘任务需要不同焦距的航摄仪获取数字航空影像，而更换多拼接摄影机镜头存在着如何保证子摄影机投影中心共面、子影像间重叠度不变等一系列技术难题。SWDC 具备独特的可更换镜头技术，根据不同的测绘任务可选择 35 mm、50 mm、80 mm 三种不同焦距的镜头获取数字航空影像。在采用短焦距时，像元角大，相同的 GSD 条件下，和同类产品相比航高最低，适合飞行的天数多，在中小比例尺地形图测绘中优势极为明显。SWDC 摄影机的镜头焦距主要有 35 mm、50 mm 和 80 mm 三种，如图 4 – 4 所示。35 mm、50 mm、80 mm 焦距基本对应传统 23 cm × 23 cm 像幅摄影机的 88 mm、152 mm、300 mm 焦距，作业时应根据飞行高度、成果用途、精度要求等具体的航摄实际情况来选择合适的镜头。

例如，成果主要用来制作正射影像，并且天气允许时，应考虑使用 80 mm 焦距镜头，从而获得质量较好的影像；在飞行天气少且向低空飞行，以及等高距小于 0.5 m 时，应选用 50 mm 焦距镜头。地形图有高程精度要求时，基本上都采用 50 mm 焦距镜头；在由于空域原因或受地形条件限制（如航摄区域高差大，盆地中的城市等）时，应考虑用焦距为 80 mm 的镜头。如果使用 50 mm 焦距镜头所成影像边缘房屋倒得厉害，应采用 80 mm 焦距镜头，此时如果由于高程精度的原因还想使用 50 mm 焦距镜头的话，应考虑加大旁向重叠度。

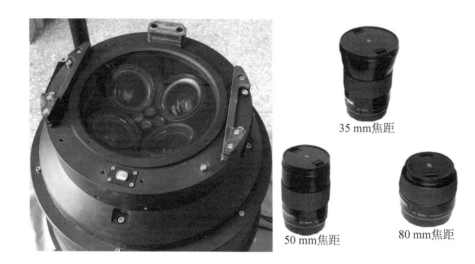

35 mm焦距

50 mm焦距

80 mm焦距

图4-4 SWDC航空摄影仪和可更换的镜头

SWDC-4型数字航空摄影仪配备三种镜头所对应的技术指标如表4-1所示。

表4-1 SWDC-4型数字航空摄影仪的技术指标

焦距	35 mm/50 mm / 80 mm
畸变差	<2 μm
像元物理尺寸	9 μm
拼接后虚拟影像像元数	13k×11k / 11k×8k
像元角（弧度）	1/3 888，1/5 555，1/8 888
彩色/黑白	24 bit RGB 真彩色（无彩红外）
旁向视场角 $2\omega_y$	112°/91°/59°
旁向覆盖能力（宽高比）	3.0 /2.0/1.1
航向视场角 $2\omega_x$	95°/74°/49°
重叠度60%时的基高比	0.87 /0.59/0.31
数据存储器（数码伴侣）	40～100 GB
一次飞行可拍摄影像张数	850～1 700 张（空中更换数据伴侣可加倍）
最短曝光间隔	3 s
快门方式，曝光时间	中心镜间快门：1/320 s，1/500 s，1/800 s
光圈	最大3.5
感光度（ISO）	50 / 100 /200 / 400
影像文件大小	300 MB

4.3 配套的航空影像数据处理软件

为了使得航摄飞行符合要求，确保影像的质量，需在航空飞行前在室内根据任务要求制订航摄计划，在实际航空摄影时应严格按航摄计划飞行与曝光，并在航空飞行完成后应及时下载影像、检查影像质量以及对影像进行预处理等工作，随后再进行空中三角测量以及测绘产品的生产。SWDC 配套的航空影像处理软件主要包括航空飞行设计软件、飞行管理软件、影像传输软件、索引图拼接及摄影质量分析软件、影像拼接软件、精密单点定位软件 TriP、匀光匀色处理软件、空中三角测量软件与 JX-4C 数字摄影测量系统工作站。在这里只介绍前五种，空中三角测量软件与 JX-4C 数字摄影测量系统工作站可参照相关说明书。

4.3.1 航空飞行设计软件

航空摄影测量的任务设计是重要的基础性工作，直接关系到航空摄影测量作业的效率、作业精度与作业成功率。SWDC 自带有航线设计软件模块 ARoute，该模块可用于 SWDC 数字航摄仪自动定点曝光作业的控制数据设计。使用者输入以经纬度坐标点定义的面状航摄区域边界点和线状航线的端点，ARoute 依据相对航高、有效像幅、航摄仪主距、航向和旁向重叠率、边界外覆盖宽度、面状区域的航线方向等基本参数，计算出覆盖全部定义区域或线状航线的曝光点经纬度坐标，并输出曝光控制文件和飞行导航数据。输入经纬度坐标点的方法既可以用鼠标直接在屏幕上拾取或捕捉，也能用键盘通过对话框输入其坐标值。键入数值既可以在"度""分""秒"编辑框中分别键入"度""分""秒"数值，也可以只在"度"编辑框中键入"度.度"形式的数值。不管使用何种输入方法，ARoute 最终都将其格式化为"度""分""秒"显示。

为了方便操作，ARoute 在小范围内把经纬度作为直角坐标显示，在设计过程中所指的"直线""矩形"等仅代表为经纬度坐标意义下的显示图形，而不表示实际地球表面上或其他地球投影坐标系下的"直线"和"矩形"等。

ARoute 不能用于设计跨越地球南北极或跨越东西经 180°经线的航空摄影区域和线

状航线的定点曝光控制数据。

ARoute 的基本操作步骤如下：

1. 界定摄区最大范围

ARoute 的设计图形显示单位为经纬度坐标。为了限定设计图形的显示范围，

ARoute 安装后首次运行时自动弹出"摄区最大范围"对话框（图4-5），之后可随时通过下拉菜单"参数"→"修改摄区最大范围"执行此命令。用户每次设计一个航摄任务之前，应首先检查当前"摄区最大范围"的"左上角"和"右下角"坐标值是否合适。一般情况下，此范围比实际摄区边界超出 10% ~ 15% 即可。

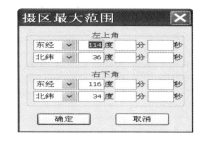

图4-5　"摄区最大范围"对话框

根据"摄区最大范围"和屏幕显示比例，ARoute 在 1:10 000 ~ 1:100 000 范围内自动选择一个合适的比例尺将地形图分幅，在图形窗口显示该范围内的全部图幅边界和图幅编号。

2. 定义摄区

摄区是由若干直线段作为边界构成的一个或多个面状区域，以及一个或多个直线段组成的线状航线。下拉菜单"航线定义"项下或图形窗口内单击鼠标右键弹出菜单提供了定义摄区的各个命令。

添加一个摄区图形首先应选择绘制该图形的命令，然后输入定义该图形的坐标点。ARoute 有矩形（包括两点和三点法）和多边形绘图命令用于添加面状区域，线状航线命令用于添加线状航线。

（1）两点法矩形命令

两点法矩形命令定义一个平行于经纬线的矩形。用户可以通过移动光标至该矩形的其中一个拐角，按下鼠标左键并移动光标至其对角释放左键来拾取矩形的坐标范围，亦可通过"航线定义"→"键入坐标"下拉菜单命令或单击鼠标右键弹出"矩形坐标"菜单命令，打开"输入矩形坐标"对话框（图4-6）直接输入矩形左上角和右下角的坐标值。

图 4-6 "输入矩形坐标" 对话框　　图 4-7 "输入经纬度坐标" 对话框

（2）三点法矩形命令

三点法矩形命令定义任意方向布置的矩形。用户需要依次输入不在一条直线上的三个点，其中两点绘出矩形的一条边，第三个点确定矩形块相对此边的宽度和方向。每个点的位置可用鼠标左键拾取或通过"航线定义"→"键入坐标"下拉菜单命令或单击鼠标右键弹出"节点坐标"菜单命令，打开"输入经纬度坐标"对话框（图 4-7）直接输入坐标值。

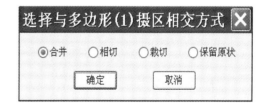

图 4-8 "输入方向和距离" 对话框　　图 4-9 面状区域运算的方式

（3）多边形绘图命令

"定义任意多边形摄区"命令用于添加不规则多边形区域，每个点的输入与三点法矩形命令中的方法类似，只不过从第三个点开始，在"输入方向和距离"对话框中可以选择输入前进方向的角度和距离（图 4-8）。如果新添加节点与第一个节点很近，那么 ARoute 自动"闭合"所绘多边形，否则应执行"闭合"命令完成多边形的添加。单个多边形的边除了两两首尾相接，在中间不能相交外，也不能超过两边线相接。

后添加的面状区域若与已有面状区域存在交叉，需要用户选择面状区域（无论是矩形还是不规则多边形，这里均指多边形）运算的方式（图 4-9）："合并"是指合并两个多边形；"相切"是指运算只留下两个多边形的重叠区域；"裁切"是指只保留已有面状区域中不与新添面状区域重叠的区域；"保留原状"则指不做任何运算。多边形运算后的结果如果出现"岛"多边形，提示失败，并保留原状。另外，如果后添加的面状区域完全为已有面状区域内的一个"岛"，ARoute询问是否"作为删除区域"，选择"确认"使该部分从面状区域（青色边界线）中剔除（黄色边界线），选择"取消"则新添图形无效。ARoute不允许有多于一次的多边形嵌套，即不能有"岛"中"岛"现象。

执行菜单命令"航线定义"→"线状航线"→"…"或单击鼠标右键弹出菜单命令"定义线状航线"，用于添加构架航线、河流、道路、境界等线状航线。此命令可一次添加若干线段构成的连续线状航线。其操作近似于添加不规则多边形，只是在输入了最后线段后执行"结束"命令。

在添加三点矩形、不规则多边形区域和线状航线的操作过程中，除了下拉菜单和单击鼠标右键弹出菜单选择所需命令外，还可以执行若干快捷键：

1）空格键、回车键或 End 键：闭合多边形或结束线状航线。

2）U 键、Delete 键或 Del 键：删除最后一点。

3）Esc 键：中断命令，忽略当前所绘图形。

下拉菜单"视图"→"打开/关闭捕捉"用于光标捕捉功能的设置。当"捕捉"有效时，被捕捉的端点或线段中点以红色小方框提示。

"打开/关闭航线定义列表"命令用于弹出或关闭"摄区边界列表"窗口，其中"序号"所列数字与面状图形内的标示和线状航线起点的数字对应。该窗口用于查看现有摄区图形的坐标、临时失效某些图形、删除图形（用鼠标选择，用 Delete 键或 Del 键删除）。

3. 计算曝光点

（1）选择"参数"→"航线设计基本参数"菜单命令，打开对话框（图 4-10）检查和修改航摄仪参数、相对航高、重叠率等，其中某些项仅作为提示而非必需。

（2）从"摄区边界列表"窗口选择需要计算曝光点的图形编号。这是由于同一个摄区内可能要用到不同的航高、重叠率等基本参数，如构架航线与主要航线就有可能采用不同的航高。此时，需要先去掉其中一部分图形，计算完选出图形的曝光点后，再输入不同的基本参数，选择另一部分图形，重复曝光点计算命令。

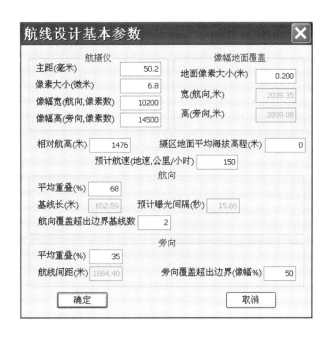

图 4 – 10 "航线设计基本参数" 对话框

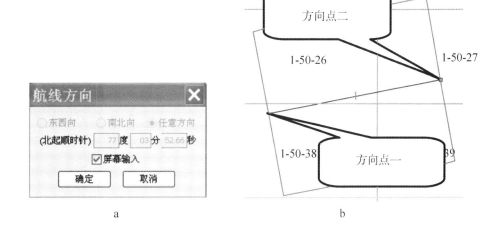

图 4 – 11 设置航线方向

（3）设置面状区域航线方向。选择"参数"→"面状摄区航线方向"菜单命令，打开"航线方向"窗口（图 4 – 11a），用户可选"东西向""南北向"或键入从正北方向顺时针旋转的任意角度，或者选择"屏幕输入"（此操作后"捕捉"自动开启），在屏幕上输入两个方向点（图 4 – 11b），由 ARoute 计算出实际方向值显示在窗口，无误后单击"确定"按钮生效。

（4）执行"航线定义"→"计算曝光点"命令算出航线及曝光点坐标，如果已经存在曝光点，ARoute 会询问是否删除，选择不删除是为了合并不同基本参数的航线于

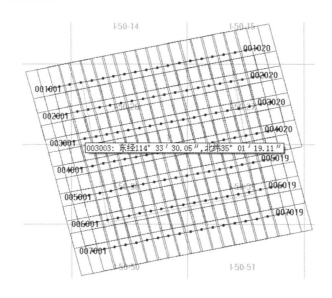

图 4 – 12　定义航线及计算曝光点

同一个曝光控制文件。计算结果以蓝色线段和圆点显示（图 4 – 12），光标移动到曝光点处，还能看到其编号和坐标。

（5）必要时，对地形起伏变化较为明显而又无须另行分区的局部进行重新布设。选择"航线定义"→"航线局部重设"命令打开"航线局部重设"对话框（图 4 – 13），供航线内局部曝光点的重新设置，每次选择"布设"按钮后，按"应用"按钮使修改生效。对于旁向间需要改变航线布局的情况，应采用增加线状航线或分区的方法来处理。

图 4 – 13　"航线局部重设"对话框

若定义了不止一个摄区图形且需要用到不同的航高或重叠率等，重复以上（1）~（5）步骤。

4. 输出曝光控制文件

准备好曝光点数据后，执行"文件"→"输出曝光控制文件"菜单命令，选定一个文件名（EPS 格式），ARoute 输出 SWDC 格式的曝光文件，同时以相同文件名缀以".sgd"扩展名输出航带导航坐标文件。

5. 备份设计文件

用户设计的摄区图形、参数设置和航线曝光点等都可"保存"在 ARoute 的文档（RUT 格式）中，若需要，之后还能"打开"查看、修改等。

4.3.2　飞行管理软件

航空摄影测量包括多个工作环节，空中摄影是其中的重要环节，它直接影响到获取数据的质量，并最终影响成图的精度、工程的成本和测图的周期。当前国外一些专业的航摄仪生产厂家已经生产出集成飞行管理系统的航摄仪，如 DMC、ADS40、UCD 等，能够解决空中摄影的自动化问题，但通常整套系统报价昂贵。另外，也有一些国外公司研制出类似的飞行管理系统，但这些系统的某些设计不完全适用于国内的航摄仪和空中管制与航摄技术标准与规范。因此，SWDC 航摄仪也配有航空摄影测量飞行管理系统。该系统以 ARM9 系列嵌入式系统为平台，集成 GPS，提供高精度的定位功能，GIS 空间数据的管理和分析功能。SWDC 配备的飞行管理系统主要工作流程如下：

1. 飞行航线的自动判断

系统在完成预定测区的自动拍摄时，需要实时判断飞机和航线间的相对位置，但由于实际情况的复杂性（飞行员会根据不同的气流状况调整飞机至合适的角度进入航线），正确判断飞机与航线起摄的相对位置需要较多判断条件，实时计算需要相当大的计算量。针对航线的缓冲区分析是在航线周围一定宽度范围内自动建立缓冲区多边形的，基于 GIS 的航摄系统能够根据需要生成特定形状的判断缓冲。为保证系统平稳运行，系统提前生成若干便于进行相对位置判别的缓冲区，这样系统只需判断飞机是否在某个缓冲区内就能判断飞机与航带的相对位置，大大减少了运算量。飞机进入到某航带缓冲区，同时符合某些限制（地速、航高限制），才被认为是有效的航带进入。

2. 实时坐标变换

摄影测量曝光点的室内设计是在国家或地方平面直角坐标系下完成的，基于 PC 机（Personal Computer，个人计算机）的曝光点文件自动生成软件，生成的是在平面直角坐标系下的坐标。从 GPS 接收机获取的是基于 C/A 码伪距观测的 WGS-84 坐标系下的大地坐标，因此需要实现由 WGS-84 坐标系下大地坐标中的经、纬度到当地平面直角坐标系中坐标 (x, y) 的实时转换。

3. 实时接收和提取 GPS 导航数据

系统通过 RS-232 串口传输定位数据，利用 Windows 串口通信 API（Application Programming Interface，应用编程接口）函数读取 GPS 获取的大地坐标和实时速度信息。

将获取的飞机坐标与设计好的曝光点坐标进行比较分析，若满足位置要求，该管理系统会驱动航摄仪自动曝光。

遵循以上三步，该飞行管理系统会引导飞行员按事先设计好的航摄计划飞行，获取满足要求的影像。

4.3.3　影像传输软件 FlexColor

FlexColor 为哈苏摄影机自带软件。在航拍结束后，利用摄影机自带的影像传输软件FlexColor 将 FFF 格式影像传输到本地硬盘，并通过该软件把 FFF 格式影像文件转换为 TIF 格式文件，并且也能对影像进行预处理。FlexColor 预处理的目的是为了设置影像数据模式，修正光照和曝光异常、影像偏色等。此项操作一般采用批量处理，方法是先在 FlexColor 主窗口设置一组参数或调整一个影像，然后在"缩略图"窗口选择要用该参数同时处理的全部影像，单击该窗口左上角的"修正..."按钮打开"修正"窗口并选择如图 4 – 14 所示选项，最后单击"修正"窗口中的"修正..."按钮完成批量处理操作。

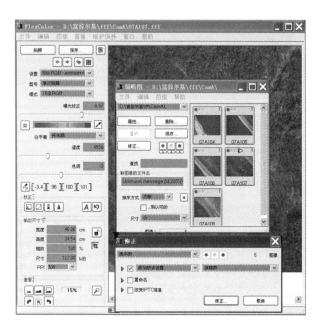

图 4 – 14　FlexColor 批量处理影像

FlexColor 预处理影像时，无须把影像调整到非常完美的效果，只要整体色彩基本一致、反差适中、直方图大体居中，即可进行后续处理。

1. 设置 16 bit 模式

为了使 SWDC 影像后处理过程保存较好的灰阶细节，建议 FlexColor 预处理时，把影像数据的"模式"设为"16 位 RGB"（针对彩色输出）或"16 位灰度图"（针对黑白输出）。此项设置最好在其他调整之前整体先做一次。

2. 调整影像

从 FlexColor "缩略图"窗口（图 4 – 15）选择欲调整影像目录，浏览该目录下全部影像，把亮度、色彩近似的影像归为一组，并采用相同参数进行批量调整。参数的设置方法是：在"缩略图"窗口内双击该组典型影像之一，使之显示于主窗口，单击相应图标打开"直方图"和"层次"窗口，参照影像直方图和色彩、亮度等外观信息进行曝光、亮度、反差、色温、色调等调整，调整后的要求为直方图有效范围大体居中、色彩基本正常、反差适中。一旦参数设置完毕，就返回"缩略图"窗口，选择与前面调整影像相近的全部影像，执行批量调整。

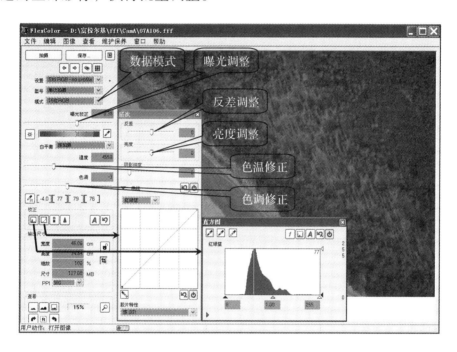

图 4-15　设置影像数据模式和调整影像

4.3.4　索引图拼接及摄影质量分析软件

航摄飞行原始数据经过前面的整理和预处理后，应立即检查影像覆盖和重叠度是否符合航摄设计要求。为了加快这一过程，可先通过拼接子摄影机原始影像文件（FFF 格式，习惯上也称 3F 格式）内的缩略图得到"四拼"的缩略影像，然后检查这些缩略影像的覆盖和重叠质量，从而在最短时间内实现航摄飞行质量的分析。

1. 生成拼接辅助文件

生成拼接辅助文件主要是为 FFF 格式影像拼接提供曝光同步性参考依据，要生成该文件需要用到飞行控制机下载的 ERC 格式文件记录和拼接辅助计算程序。要生成该文档，首先要输入 ERC 格式文件，然后选择要存放的目录路径，单击"计算"按钮，即在制定目录中生成拼接辅助文件（AST 格式），如图 4 - 16 所示。

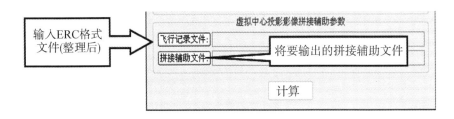

图 4 - 16　生成拼接辅助文件

2. 3F 缩略影像拼接

"3F 畸变差改正"和"3F 虚拟中心投影拼接"程序针对 FFF 格式文件内的缩略影像做畸变差改正和虚拟中心投影拼接处理。由于该缩略影像数据量很小，所以可实现快速的概略拼接处理。概略拼接的影像主要用于航摄飞行质量的分析。

（1）3F 畸变差改正

启动"3F 畸变差改正"程序（图 4 - 17），先输入必要的参数，然后单击"确定"按钮开始处理。输入源影像可以是单个文件或整个文件夹下（不包括子目录）的全部 FFF 格式文件，其旋转角度应完全相同，否则，必须按相同角度分类存放于不同目录，并分若干次处理。输出影像文件名与输入文件相同，但扩展名为".tif"。同一子摄影机的全部输出影像最好存储于同一目录，不同子摄影机的输出影像不应存储于同一目录。如果设置了"忽略已存在文件"选项，软件处理每一个文件之前，首先要检索输出目录下是否已经存在输出影像，若是，则跳过该文件。

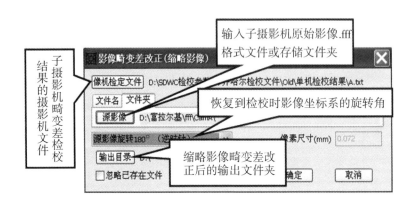

图 4 - 17　3F 畸变差改正

用户输入的子摄影机参数文件、源影像目录、旋转角度以及程序的像素尺寸和处理开始时间等信息，都记录在输出文件夹下的"畸变差改正.log"文本文件中，在后续

"四拼"处理完成之前，请保留此文件，以备一旦后续处理发现问题，可以查验畸变差改正参数是否有误。畸变差改正程序每次启动最多处理一个文件夹的全部 3F 影像，每台子摄影机每个旋转角度的影像必须启动一次畸变差改正程序。

（2）3F 虚拟影像拼接

启动"3F 虚拟中心投影拼接"程序（图 4 - 18），立即选择、更改或简单"确认"缺省的平台参数文件，然后输入畸变差改正后的全部四台子摄影机缩略影像或存储这些影像的文件夹、拼接辅助文件、拼接后的虚拟中心投影缩略影像参数及其存储文件夹等，单击"计算"按钮开始拼接处理。输出影像主距一般取四台子摄影机实际主距的平均值，行列数应足够大，只要拼接后影像四边中央不出现"黑角"，可先试输出几个大一点的影像，通过查看这些影像再确认最终合适的行列数。"忽略已存在文件"选项含义同"3F 畸变差改正"程序的相同选项。

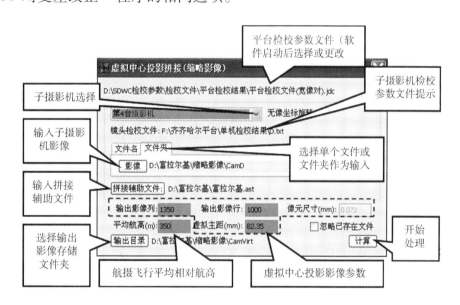

图 4 - 18　3F 虚拟中心投影拼接

用户选用的全部参数及每一个影像拼接的几何解算结果自动保存于输出影像文件夹下名为 Rectify. log 的文本文件中。

3. 缩略影像整理

（1）统一朝向

对于多航线航摄的块状摄区，由于飞行航线方向变化的原因，拼接后影像对应地面位置的朝向随飞行方向而变化。为了方便旁向重叠分析，应旋转两相反飞行方向中的一个方向航线影像180°，使得整个摄区影像的朝向大体一致，如影像上边统一向北或向东。影像旋转180°的处理应选用DUX（Dodging，Unification and more；航摄影像匀光匀色软件）软件的"色彩调整"模块完成，顺便可适当调整影像的色彩和对比度等。为了不影响航向重叠分析，这里一般不做±90°的旋转，除非出自航摄仪安装的原因，而且如果需要，请用其他软件做此角度的旋转。

（2）片号注记

为方便分析处理过程中查看影像编号，最好在影像的左上角注记上对应的编号。"注记片号"程序用于批量注记SWDC数字影像，注记的编号为被注记影像的文件名，不包括路径和扩展名，程序界面如图4-19所示。其操作过程为：首先单击"样片"按钮选择其中一个影像，选择"字体"，输入注记位置（直接键入行列坐标或按住鼠标左键同时拖拽灰色窗口中注记的编号）和朝向，从灰色窗口观察注记的相对位置、大小等大概效果（其中的白色框为影像边界），必要时调整注记参数，直到满意为止；然后单击"源文件夹"和"目标文件夹"按钮，分别选择输入输出影像存储文件夹；最后单击"确定"按钮开始影像注记。注记结果不会直接覆盖输入文件，而必须指定另外一个文件夹存储，源数据可由用户手工删除。

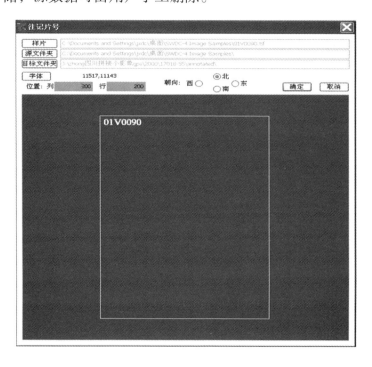

图4-19   "注记片号" 程序界面

4. 航向重叠定量分析

"概略影像拼接"程序 ImaMosaic 提供多种手段把一个个数字影像通过平移、缩放和旋转变换，粘贴到一个数字"底图"上，以便进行影像重叠的分析计算、索引图制作等。为加快影像粘贴的速度，若影像文件太大，应首先重采样（应用 DUX 软件的"重采样"模块）缩小至行列数约 1 500 以下，但小于 500 时有可能不利于观察和自动粘贴。数字"底图"可以是覆盖摄区的现有小比例尺数字栅格地图，或用其他通用图像处理软件（如 Photoshop 软件等）创建的适当大小的空白影像。如果数字"底图"伴有 TFW 格式文件，粘贴操作必须在与 TFW 格式文件内容一致的地面坐标系中完成，否则，ImaMosaic 默认"底图"的左下角为坐标原点、像素地面尺寸为 1 个单位。如果条件允许，应尽可能计算出每个影像的摄站坐标，并把其中每一行第一项改为对应的待粘贴影像文件名，此数据可用于"摄站点坐标方式"快速粘贴。

ImaMosaic 通过创建一个镶嵌文档（MSC 格式）来存储"底图"和粘贴影像的信息。一旦 MSC 格式文档被保存，已粘贴影像文件、"底图"和相伴的 TFW 格式文件都不能修改或移动存储位置，否则，下次打开 MSC 格式文档时，可能无法正常恢复上次操作结果。

ImaMosaic 的基本操作过程为：打开数字"底图"新建一个 MSC 格式文档，创建"航带"，采用适当的粘贴方法将影像加入到相应"航带"，进行重叠分析计算，输出镶嵌参数。ImaMosaic 的"航带"是为了方便旁向重叠分析而设的影像夹，"已贴航片列表"窗口列出了全部"航带"及"航带"中的所有已粘贴影像。常用的粘贴方法包括："手工添加"——根据用户采集的控制点计算粘贴参数；"自动添加"——自动寻找待粘贴影像与已粘贴影像的同名影像作为控制点计算粘贴参数；"摄站点坐标方式"——自动寻找相邻影像的重叠位置，把影像中心近似为底点，根据相邻影像的摄站平面坐标计算粘贴参数。

航摄飞行质量检查要求在结束航摄后，以尽可能短的时间发现质量问题。如果摄区地势起伏与相对航高比较偏大，或由于飞行因素造成影像比例尺变化较大和倾斜角、旋偏角严重超限，则由 ImaMosaic 粘贴航摄影像会变得较为困难，主要是由于自动粘贴的影像位置误差较大或容易失败，需要较多的人工干预，造成操作时间显著加长。但是，如果不顾及旁向重叠的分析要求和索引图制作的目的，而仅以单一航带内航向重叠的百分比和旋偏角检查为目的，则只需保证两两相邻影像的相对位置基本准确即可，不必考虑绝对方位误差是否过大。为此，可用自由比例尺和方位粘贴一条航带的影像，其粘贴过程基本上可以用自动方式实现，从而实现快速的航向重叠和旋偏质量检查。至于旁向重叠检查，可以借助 DUX 软件的正射影像浏览模块 TFWLK，通过人工观察，辅以相邻航线的航向重叠和旋偏分析数据，进行概略或定性的快速检查。

ImaMosaic 进行数字航摄影像单一航带航向重叠快速分析的一般步骤为：

（1）借助其他通用图像处理软件（如 Photoshop 软件等）创建一个空白 8 bit 灰度影像作为粘贴"底图"，行列数约为 5k×10k 即可。

（2）启动 ImaMosaic 程序，打开"底图"创建一个镶嵌文档，如图 4-20 所示。

图 4-20　打开"底图"创建镶嵌文档

（3）执行"手工添加"命令，选择位于该航带中心的一个影像，打开左右切分的"浏览"窗口。其中，左半部分为底图（对应缩略窗口的绿色虚线方框），右半部分为待粘贴影像，如图 4-21 所示。

为方便控制粘贴的全部影像基本显示在"底图"范围内，可根据缩略窗口中绿色虚线框的显示尺寸和航线长短，增大或减小"浏览"窗口的"底图"显示比例，同时移动光标至缩略窗口中心，单击鼠标左键选择第一个影像的粘贴位置。然后，在"浏览"窗口内单击鼠标右键选择"获取控制点"命令，分别在左右分窗口中单击鼠标左键拾取控制点的底图和影像点位（只需两个控制点）。最后，单击"航片粘贴控制点"

a.执行"手工添加"命令　　　　　　b.选择航带中心影像

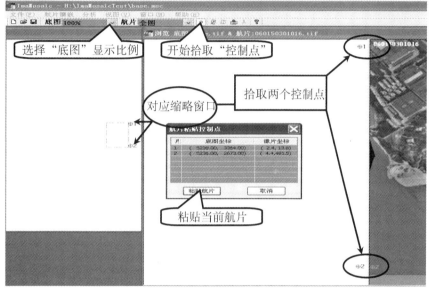

c.添加像片

图 4-21　选择航带中心影像粘贴第一张 "航片"

窗口的"粘贴航片"按钮,粘贴影像至"底图"。

（4）执行"自动添加"命令打开"自动粘贴参数"窗口,如图 4-22 所示,设置合适的地形类别、重叠度范围、重叠方向,选择第一个已粘贴影像作为定位航片,单击"选择航片"按钮加入航带中心前半段影像作为待粘贴航片,单击"加入工程",再次选择同一定位航片并加入航带中心后半段影像作为待粘贴航片,单击"确定"按钮。等待自动粘贴结束,ImaMosaic 弹出记事本显示自动粘贴报告,检查其中的粘贴顺序是否正确、是否存在遗漏影像或失败提示。同时,放大观察粘贴结果,检查接边是否基本正确。如果存在粘贴失败或错误,则参照最后一个正确粘贴的影像,采用"手工添加"方式,嵌入相邻的未粘贴影像,然后再以此为定位航片,自动粘贴该航带后续的影像。

（5）打开"输入警示指标"窗口（图 4-23）修改限差数据,执行菜单命令"文件"→"输出镶嵌参数"输出重叠分析报告,用记事本显示该文件查看航向重叠参数。作为航带飞行质量的快速检查,只要求每一行最后三项指标（依次为旋偏角度、最大

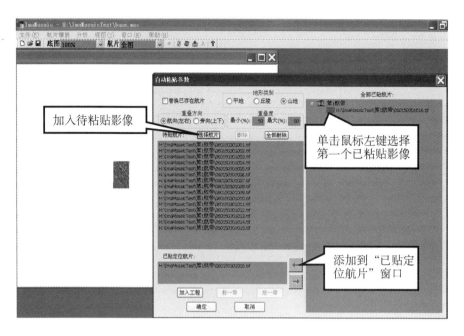

图 4-22　自动粘贴 "航片"

和最小重叠百分比）不偏离限差较多，就可视为合格。否则，应单独显示局部可能超限的若干个影像，进一步仔细核查。另外，通过"辅助线显示参数"窗口设置"航带内重叠和"并选择其显示颜色，观察航向重叠的合并区域边界线，如图 4-24 所示。正常情况下，该区域航线方向左右边界中任意连续四五个影像范围内的局部应基本平直。如果出现较大的凹凸边界线，该处很可能存在立体漏洞或旁向重叠不合格。如果此边界线未显示，则航线内很可能存在三度重叠漏洞。

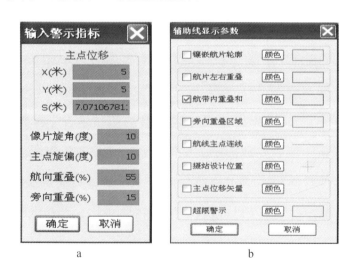

图 4-23　设置警示指标和辅助线显示参数

作为飞行质量检查的依据，以上各项检查都应做详细记录，凡是存在不正常重叠的局部影像，在后续旁向重叠概略检查时，应特别留意该影像附近的重叠情况。

图 4 - 24　单一航带的航向重叠合并区域显示

5. 旁向重叠概略分析

做正射纠正之前的中心投影影像变形较大，用它们所做的影像重叠分析存在一定的误差。一般情况下，旁向重叠比航向重叠小得多，相邻航线旁向重叠区域影像的相对变形尤其大，用 ImaMosiac 粘贴这些影像进行旁向重叠分析计算的结果与实际情况往往相差甚远而且费时。因此，目前仍然建议该项检查以采用人工查看为主。其方法是：给每个影像构造一个 TFW 格式文件，把中心投影的影像近似视为正射影像，借用 DUX 软件的正射影像浏览模块，将影像平铺显示在一起，通过人工观察上下航线之间的重叠影像，辅以相邻航线的航向重叠和旋偏参数，对旁向重叠进行快速的概略检查。

（1）TFW 格式文件生成

DUX 软件的"航带影像 TFW 生成"模块批量构造影像的 TFW 格式文件（程序界面如图 4 - 25 所示）。为方便起见，用于旁向重叠概略分析目的的主要参数设置一般为：航向、旁向重叠均为 0，像素地面间距为 0.1，首航带的左上角横、纵坐标分别为"1000"和"10000"。TFW 格式文件的构造过程为：单击"添加影像"按钮加入摄区顶部或底部的航带影像，如果一条航带中存在非正常重叠或跳片等不连续情况，应在不连续处人为拆分为不同航带分别构造 TFW 数据（注意横坐标调整需要手工计算）；根据影像编号设置左右排列顺序（航带左端影像编号小，选"顺号"，否则为"逆号"）；单击"构造 TFW"按钮，计算机根据设置参数和影像的行列数据生成所选全部影像的 TFW 格式文件，并预测相邻上下航带的纵坐标，如果软件提示正常构造了数据，可删除当前所选全部影像，然后开始下一航带的操作。从第二航带开始，参数输入略有不同，首先可以通过软件提示的上（下）一个航带纵坐标和当前航带相对前一个航带的位置选择合适的航带纵坐标，然后直接单击"设置为当前航带"按钮输入。另外，航带横坐标可能需要依据航线左端第一个影像相对位置变化做手工调整，除此之外，其他操作几乎相同。

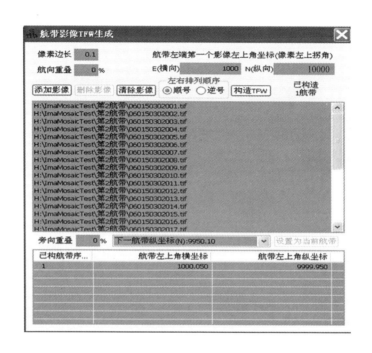

图 4 – 25　构造航带影像的 TFW 数据

（2）旁向重叠检查

启动 DUX 软件的正射影像浏览模块 TFWLK，选择摄区影像主目录，计算机搜索该目录（包括各级子目录）下全部影像及其 TFW 格式文件，根据影像可能的显示范围，装入全部影像的缩略图并显示于屏幕，如图 4 – 26 所示。TFWLK 显示窗口分成两部分，左边显示整体缩略图，右边显示缩放详细影像，缩放比例在工具栏更改，显示位置可在左半窗口直接单击选择或在右半窗口按鼠标左键平移。

快速旁向重叠的人工检查通过缩放窗的左右平移观察进行，如图 4 – 27 所示。首先，调整右半窗口的宽度至全屏的2/3或更大，选择合适的显示比例，使右半窗口高度能覆盖到两相邻航线旁向重叠区域影像的 1.5 ~ 2 倍；然后，逐条航线左右平移影像，目估概略重叠比例。实际作业时可参考上下相关航线的航向重叠数据做重点检查。

通常，对于航线重叠最大最小比例相差小且旋偏角绝对值小的区段，可在航向上每隔3~5个影像细查一对旁向影像；否则，应逐个细查，甚至用其他软件单独显示检查。

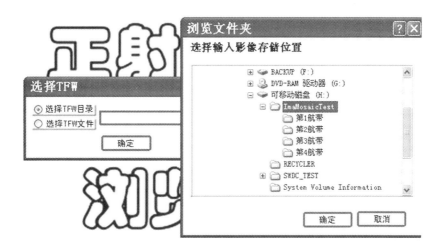

图 4-26　选择摄区影像目录

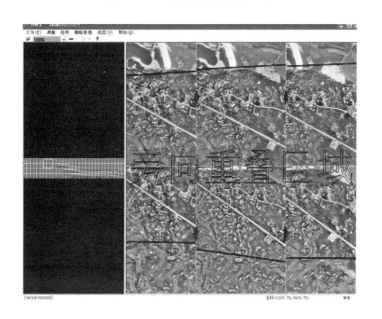

图 4-27　人工查看旁向重叠

对检查的结果，应按要求做必要的记录。

6. 特殊航线的重叠分析

航空摄影测量的特殊航线是指构架（或称控制）航线和沿河流、道路、管线等航摄的带状航线。它们的航向重叠分析仍然可采用前述的 ImaMosaic 单独航线快速分析的方法进行，航线之间或与其他影像的重叠质量应根据不同的要求具体分析。例如，构架航线可根据 GPS 解算的航线轨迹、摄站点高度、航线重叠分析数据综合分析，对航向重叠异常的影像做重点检查。而对于两端交叉重叠的条带航线，则除了保证航向重叠的覆盖不能小于设计范围外，还需要重点关注航带两端的立体覆盖是否有足够的重叠。

103

4.3.5 影像拼接软件 JXDCRectify

虚拟中心投影影像拼接软件把成对的上下两个或四象限安置的四个同时曝光的影像拼接成单个的虚拟中心投影影像，以适应普通数字摄影测量软件的作业要求。图4-28所示为该软件的参数选定对话框。其中第一行平台检校参数文件（路径为"E：\宜宾\检校件夹\Platform12.jdc"）是在软件启动时选定的，之后必须指定每台摄影机畸变差改正后影像存放的目录和输出结果目录，输出影像尺寸、主距应根据需要输入，平均航高为实际的相对飞行高度。

位于输出目录下的 Rectify.log 文本文件记录了拼接成果的几何质量，其中残差中误差和点位分布为重要指标。

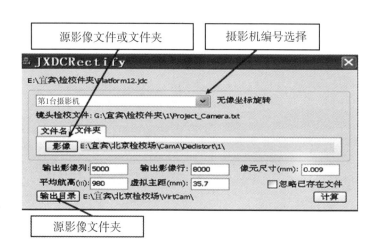

图4-28 影像拼接软件 JXDCRectify 参数选定对话框

每一次虚拟中心投影拼接处理结束后，都必须查阅输出影像文件夹下的 Rectify.log 文本文件，其中记录了处理时使用的参数、每组影像拼接的几何计算结果、异常提示及对应影像的统计等信息。下面是两组影像的处理记录：

右上角影像：D：\富拉尔基\TIFF13\CamA\07AR106.tif

左上角影像：D：\富拉尔基\TIFF13\CamB\07BR106.tif

左下角影像：D：\富拉尔基\TIFF13\CamC\07CR106.tif

右下角影像：D：\富拉尔基\TIFF13\CamD\07DR106.tif

影像对：1 总点数：107，分布： 0 0 0 11 24 24 24 24

＊＊＊＊＊＊＊＊＊＊＊＊＊不均匀分布！＊＊＊＊＊＊＊＊＊＊＊＊＊

影像对：2 总点数： 0，分布： 0 0 0 0 0 0 0 0

＊＊＊＊＊＊＊＊＊＊＊＊不均匀分布！＊＊＊＊＊＊＊＊＊＊＊＊

影像对：3 总点数： 0，分布： 0 0 0 0 0 0 0 0

＊＊＊＊＊＊＊＊＊＊＊＊不均匀分布！＊＊＊＊＊＊＊＊＊＊＊＊

影像对：4 总点数：123，分布： 0 0 3 24 24 24 24 24

＊＊＊＊＊＊＊＊＊＊＊＊不均匀分布！＊＊＊＊＊＊＊＊＊＊＊＊

残差中误差：x = 0.0011，y = 0.0010

右上角影像：D：\ 富拉尔基 \ TIFF13 \ CamA \ 07AR108. tif

左上角影像：D： \ 富拉尔基 \ TIFF13 \ CamB \ 07BR108. tif

左下角影像：D： \ 富拉尔基 \ TIFF13 \ CamC \ 07CR108. tif

右下角影像：D： \ 富拉尔基 \ TIFF13 \ CamD \ 07DR108. tif

影像对：1 总点数：192，分布： 24 24 24 24 24 24 24 24

影像对：2 总点数：192，分布： 24 24 24 24 24 24 24 24

影像对：3 总点数：192，分布： 24 24 24 24 24 24 24 24

影像对：4 总点数：192，分布： 24 24 24 24 24 24 24 24

残差中误差：x = 0.0011，y = 0.0010

连接点不足半数的影像：07V106. tif

其中，第一组存在局部异常，第二组为正常拼接。每组处理记录的信息包括：

（1）四个子摄影机源影像文件名。

（2）四个重叠区的连接点总数和各重叠区划分为八个子区的连接点分布情况。其中，影像对 1、3 分别为上下两对影像重叠区，对应子区"分布"顺序为从下至上；影像对 2、4 分别为左右两对影像重叠区，对应子区"分布"顺序为从左至右。

（3）连接点残差中误差。

影像对连接点的总点数最多为 192，每个子区点数最多为 24（对应缩略图的中心投影拼接为 64 和 8），如果总点数不足最大数的一半，或提示子区连接点"分布不均匀"，则该输出影像的精度存在不确定性或只能使用连接点正常的重叠区附近局部影像，用户可以从输出影像查找可能的原因，其中最常见的是影像纹理缺乏，如平静的水面和过大的影像噪声等。另外，全部连接点残差中误差通常不应超过 1/3 像元尺寸；反之，先找出原因，若能改正应重新处理，否则可考虑忽略该影像。如果提示"拼接失败"，则实际像素分辨率影像拼接不产生输出影像，而对于缩略图拼接，虽然输出拼接影像，但可能存在错误或较大误差，如经检查是后者，其影像仍可用于飞行质量检查。

4.3.6 高精度的精密单点定位数据处理软件 TriP

4.3.6.1 单点定位动态解算

精密单点定位是指利用国际全球卫星定位导航服务组织（IGS）提供的或自己计算的 GPS 卫星的精密星历和精密钟差，用户利用一台含双频伪距和载波相位观测数据的 GPS 接收机，就可以在全球任意位置进行高精度定位的技术。目前，国内外很多相关的机构对精密单点定位的研究都做了大量工作。武汉大学经过数年对精密单点定位理论与方法的深入研究，在国内率先成功研制了高精度的 PPP 数据处理软件 TriP，利用 PPP 进行 GPS 数据处理，需在数据采集后的两周内进行，即需要在 IGS 网站上下载精密星历数据后进行 GPS 平差处理，具体的下载网址为"http：//cddis. gsfc. nasa. gov/pub/gps/products/"。

利用 PPP 进行 GPS 数据处理过程如下：

1. 数据准备

准备要处理的静态或动态数据（提供标准的 RINES 格式文件），从 IGS 网站下载精密星历文件（SP3 格式或 EPH 格式）和精密钟差文件（CLK 格式）。

2. 新建工程

新建工程的界面如图 4 - 29 所示，按要求输入工程路径和工程名称。

图 4 - 29 "新建工程" 对话框

3. 导入数据

（1）单击导入观测数据菜单或工具条上的按钮（图 4 – 30），程序自动弹出"导入观测数据"对话框（图 4 – 31）。

图 4 – 30 TriP 导入观测数据菜单与工具条

图 4 – 31 "导入观测数据" 对话框

单击观测值文件（O）的"浏览"按钮，选择存储数据目录内要处理的观测值文件（一次只能选择一个文件）。

单击广播星历文件（N）的"浏览"按钮，选择存储数据目录内观测值文件所对应的广播星历文件（一次只能选择一个文件）。

单击"导入数据"按钮，TriP 程序自动加载数据。

（2）单击导入精密星历数据菜单或工具条上的按钮（图 4 – 32），TriP 程序自动弹出导入精密星历数据对话框。

单击精密轨道 1 的"浏览"按钮，选择对应时间的精密星历文件（SP3 格式或 EPH 格式）（一次只能选择一个文件）。

图 4 - 32　TriP 导入精密星历数据的菜单与工具条

单击精密钟差 1 的"浏览"按钮，选择对应的精密钟差文件（一次只能选择一个文件）。如果所处理的数据跨天，那么应该选中"数据跨天"单选框，按相同步骤输入第二天的精密星历文件和精密钟差文件。

单击"导入数据"按钮，TriP 程序自动加载数据。

图 4 - 33　"导入精密星历数据" 对话框

（3）单击定位解算菜单中的"参数设置"子菜单或工具栏上的"参数设置"工具条，TriP 程序自动弹出"参数设置"对话框，如图 4 - 34 所示。

1）选择处理方式。处理方式有静态、动态两种。

2）选择处理时段，程序缺省处理所有数据（0 ~ 24）。

3）选择是否估计对流层延迟（ZPD）。

4）选择是否需要加地球潮汐改正。

5）输入天线高（至天线相位中心）。

6）选择删除坏卫星（缺省值 999 表示不删除卫星）。

7）输入数据采样率。

图 4-34 "参数设置" 对话框

8）选择周跳探测因子。

对上述参数设置完毕后，按"确定"按钮接受所设参数。

4. 定位解算

单击"精密单点定位"菜单中的"定位解算"子菜单或工具栏上的"定位解算"工具按钮（图 4-35），TriP 程序按设置的处理参数自动处理所选数据。

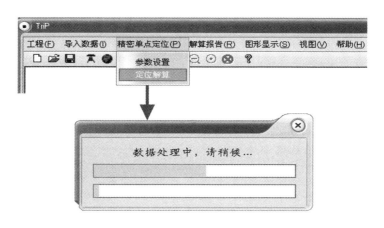

图 4-35 "定位解算" 对话框

TriP 程序将耗费一定的处理时间，其长短主要取决于观测数据的历元数和观测数据的质量（周跳出现的频率），通常需 2~3 min。

5. 查看结果和处理质量分析

单击"解算报告"菜单，逐项查看处理结果。处理质量分析策略如下：

（1）查看周跳信息文件（satamb. info）

检查周跳出现的频率，周跳出现的次数越多，该文件就越大（行数超过 100 行以上），即文件中第一列中卫星出现周跳的次数越多。该文件的格式为卫星出现周跳的次数；卫星号；组合模糊度；开始历元时间；结束历元时间。

注意，组合模糊度是指卫星从最近出现周跳到新周跳出现之前整个连续观测弧段的近似相位无电离层组合模糊度。组合模糊度的质量分析依据是：观测时段内多数卫星周跳出现的次数越少越好，个别卫星出现多次的周跳对定位解算影响不大；如果多数卫星出现较多次的周跳，表明数据质量较差，定位结果可靠性较差。

（2）查看 rms. rpt 文件

总 RMS（均方根误差）越小越好，加权的总 RMS 小于 0.03 m，未加权的总 RMS 小于 0.08 m。

（3）查看定位解算结果文件

1）动态处理查看 trip. kin 文件。trip. kin 文件的格式为：GPS 周秒；Lat（deg）；Lon（deg）；Height（m）；历元 RMS；X；Y；Z；Hour；min；sec；decimal hour。绘制历元 RMS 图要求绝大部分历元 RMS 小于 5 cm；个别历元 RMS 很大，说明该历元的定位结果不好。

2）静态处理查看 trip. sta 文件。trip. sta 文件的格式为：GPS 周秒；X；Y；Z；Lat（deg）；Lon（deg）；Height（m）；分段 ZPD 参数；历元 RMS。绘制历元 RMS 图要求绝大部分历元 RMS 小于 5 cm；个别历元 RMS 很大，说明该历元的数据不好，少数历元数据质量对静态处理结果影响不大。

（4）查看 trip. res 文件

查看每个历元中每颗卫星组合相位观测值的残差及其对应的高度角。

（5）查看 plot. res 文件

查看每颗卫星在每个有效连续弧段组合相位观测值的残差值，也可利用 EasyPlot 软件人工绘制每颗卫星在每个有效连续弧段组合相位观测值的残差图，评价指标有残差是否呈正态分布、是否有大的分段跳跃等。

6. 优化处理

根据上面这些信息，判断定位结果的质量，如果质量不好，采取优化处理策略重新处理；如果质量符合要求，使用 trip. kin 文件内定位结果。目前优化处理的办法有：

（1）删除个别不好的卫星。

（2）调整周跳探测因子

若采样频率高且周跳较少，将周跳探测因子设置为"1"比较合适；若采样频率低，周跳出现频繁，将周跳探测因子设置为"2"比较合适。

4.3.6.2 辅助数据计算

SWDC 内置一台摄站 Trimble – GPS，主要用于摄站坐标的获取，同时记录摄影机曝光时刻的事件 Event 信息、实时输出导航伪距坐标控制定点曝光。因此，可以说摄站 GPS 可实现三个功能数据输出，即定点曝光数据输出，摄站坐标采集数据（同时记录 Marker 信息）输出，飞行导航监控数据（根据 GPS 记录轨迹可以检查飞行的正确性）输出。

因此，GPS 数据处理时，除已介绍过的单点定位解算外，还涉及 Marker 内插解算、四台摄影机虚拟坐标解算、四台摄影机拼接辅助文件计算等相关数据的计算，其具体解算过程如图 4 – 36 所示。

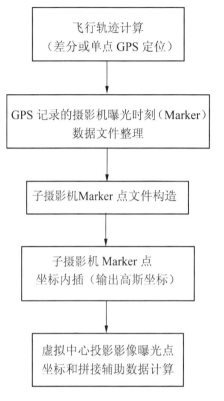

图 4 – 36 GPS 相关的解算过程

1. 航摄飞行轨迹计算

航摄飞行记录的 GPS 原始数据下载到台式 PC 机后，首先经过格式转换，转换为标准 RINEX 格式后可进行 GPS 处理。利用 TriP 软件可进行飞行轨迹的计算并查看轨迹图，根据计算出的飞行轨迹平面图，可以看出飞行的整个过程，从而在总体上检查飞行航线数据是否与设计相符合，检查旁向飞行质量等内容。另外，根据高程方向上的轨迹可以检查飞行高度控制质量等内容。利用 PPP 解算的航摄飞行轨迹示例如图 4 – 37 与图 4 – 38 所示。

2. Marker 数据处理

（1）Marker 点坐标内插

通过 GPS 接收机事件标志输入接口，SWDC 数字航摄仪第一台子摄影机的曝光瞬间时刻同步记录在 GPS 的原始数据文件内。建立 GPS 解算工程后载入 GPS 原始数据时，外部事件（Marker）数据被释出，工程目录下可找到该文件（扩展名为".sta"或

111

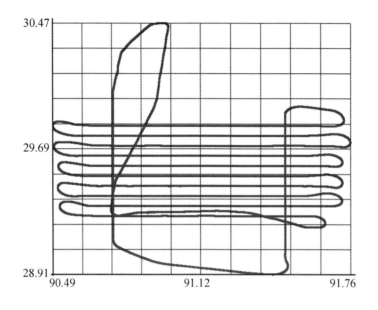

图4-37 横向飞行轨迹

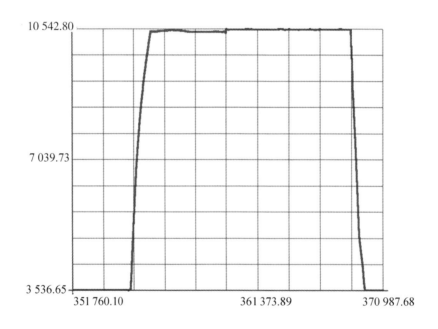

图4-38 纵向飞行轨迹

".txt"），应用单点定位解算软件PPP的内插功能，如图4-39所示，计算出所有曝光事件的坐标，输出项至少应包括事件标志、经纬度及椭球或海拔高程。

（2）Marker文件整理

对照本次航摄ERC格式文件中的曝光坐标和上一步内插的曝光事件坐标，编辑Marker文件（扩展名为".sta"），即根据前面整理原始影像的记录，把Marker文件中

图 4 – 39　Marker 点坐标内插

没有影像对应的外部事件删除。

3. 子摄影机 Marker 点文件构造

根据航摄 ERC 格式文件数据和 GPS 同步记录的 Marker 参数，"子摄影机 Marker 生成"程序能构造出全部子摄影机的 Marker 数据文件，如图 4 – 40 所示，用于子摄影机曝光时刻坐标内插，最后计算出"四拼"影像的摄站坐标，参与 GPS 辅助空中三角测量平差。本操作构造输出的 Marker 文件名为输入 Marker 文件名后扩展名之前缀以 A、B、C、D，分别对应第一至四台子摄影机。

图 4 – 40　子摄影机 Marker 点文件构造

4. 子摄影机 Marker 点坐标内插

重新打开 TriP 的 GPS 解算工程，根据上一步构造的 Marker 文件，内插出全部子摄影机曝光时刻的空间坐标，输出项只需包含事件标志、高斯坐标、椭球或海拔高程、曝光时刻。

5. 虚拟中心摄站坐标和拼接辅助数据计算

"虚拟摄站点坐标计算"程序生成虚拟中心投影影像拼接用辅助数据和 GPS 辅助空中三角测量平差所需的虚拟中心投影影像摄站坐标，如图 4-41 所示。输入参数为第一台子摄影机的 Marker 文件、全部子摄影机曝光时刻的平台坐标和飞行记录 ERC 格式文件，输出为虚拟中心投影影像摄站坐标文件和拼接辅助文件。如果只要输出拼接辅助数据，只需输入 ERC 格式文件。

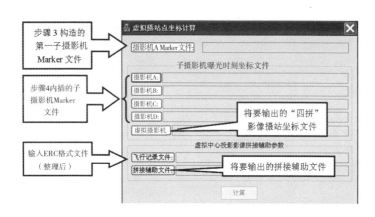

图 4-41　虚拟摄站点坐标计算与拼接辅助数据计算

计算完成后，"四拼"影像摄站坐标文件内的 Marker 编号应修改为"四拼"影像的最后文件名（不含扩展名），通常采用 Excel 或 UltraEdit 等软件编辑。摄站坐标文件的格式为每一行记录一个摄站点，一个记录行从左至右依次为影像文件名、纵坐标、横坐标、曝光时刻。

4.3.7　影像匀光匀色软件 DUX

受航摄仪光学系统固有缺陷、不良天气条件、光照不均等诸多不利因素的共同影响，通常一帧航测原始影像内部存在渐晕（俗称"烧饼"）效应或其他形式的密度或色彩不均；而且，由于航摄一个测区往往需要跨数小时、数天或更长时间，加上摄影处理等诸多条件变化，致使航带内部的航片之间、航带之间亦存在颜色、明暗方面的差异。如果直接将这种不均匀的原始影像用于摄影测量生产，不仅对最后正射影像的色彩造成严重不均，甚至对人工观察也或多或少产生不利影响。

光学复制此类航片时，采用匀光影像方法，可消除或减弱其不均匀性。而对于扫描此类胶片或直接数字拍摄得到的数字影像，需要采用特殊软件进行数字匀光、匀色处理。在过去，大部分生产单位只能用 Photoshop 等通用图像处理软件，以人工局部加工的手段来改善这些影像，不仅效率低下，质量也不高。

DUX 软件专用于校正存在上述辐射畸变的航测数字影像。它采用特殊数字掩膜技术，对一幅影像进行位置相关的亮度补偿，以消除或减弱帧内的影像密度不均。同时，它利用航向、旁向影像重叠，对测区影像进行色彩的连续均匀处理。该软件对全数字摄影测量中遇到的原始影像颜色、明暗、反差等渐变不均的问题，进行数字匀光、匀色处理，以达到改善影像质量、提高生产效率的目的。对已制作完成的正射影像，虽然 DUX 仍能对它进行匀光处理，但效果可能较差，而且对像片之间的镶嵌线不会做羽化或过渡处理。由于 DUX 只对输入影像的像素值进行处理，而不改变其位置，所以输入影像在处理前后的几何精度不会产生变化。

DUX 的输入数据必须是 IBM PC 字节顺序的非压缩 TIFF 格式单波段黑白或三波段彩色影像，否则，用户可以通过 Photoshop 软件转换得到。DUX 的输出仍为 IBM PC 字节顺序的非压缩 TIFF 格式。其输入、输出影像均可以为超大文件，如大于 2 GB。

4.3.7.1 软件模块

DUX 软件由四个独立模块组成，完成各自不同的功能。

1. ZDG 匀光模块

ZDG 匀光模块用于校正一幅影像内的密度渐变不均，如存在"烧饼"效应或上下左右色彩和明暗不同的影像。ZDG 也可以进行亮度、对比度调整和色差校正，但其功能不如之后的匀色模块，这里主要用来检查匀光后的效果，输出时建议只做匀光处理。本模块有 12 bit 和 8 bit 两种版本，12 bit 版本用于处理以字（16 bit）存储灰阶的影像，而 8 bit 版本用于处理以字节存储灰阶的影像。

2. Unifier 匀色模块

其基本功能是采用曲线方式调整单帧影像的颜色、亮度、反差。应用时，每一航带选择其中一两帧影像以人工手段调整至最佳状态，然后以航带为单位自动寻找相邻影像重叠区域，并以其中已调整影像作为"标准影像"自动调整其他影像，使相邻航片重叠影像的亮度、色彩、反差尽可能一致。本模块还具有快速 180° 旋转、锐化、框标增强等功能。

3. TFWLK 正射影像浏览模块

该模块的功能是无缝浏览带 TFW 格式文件的区域数字正射影像图（Digital Orthophoto Map，DOM）、检查缺陷并标注、整体调整颜色并输出、重采样缩编 DOM 等。此模块的输入可以是一个目录和其下各级子目录下的所有 DOM，亦可以是单个或多个 DOM 文件。

4. Resize 重采样模块

该模块用于批量快速重采样原始影像和正射影像（包括重构 TFW 格式文件）。

4.3.7.2　应用流程

应用 DUX 软件处理航空摄影测量影像时，为了取得最佳影像质量，建议在进行数字摄影测量处理（空中三角测量加密、测图、正射影像制作等）之前首先做匀光和匀色处理（图 4-42），而且有可能的话，最好直接处理原始灰阶（如 12 bit）的影像，只在匀色处理后输出 256 级灰阶的影像供其他软件处理。为了保存尽可能丰富的影像信息，数字摄影测量处理之前的影像不必形成最终的用户最满意或需要的颜色，而是最后用 TFWLK 模块整体调整得到。

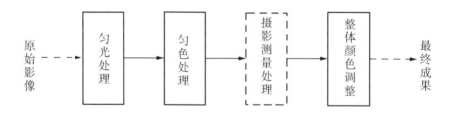

图 4-42　影像匀光匀色处理流程

4.3.7.3　匀光匀色处理基本操作步骤

通常，用同一台航摄仪拍摄的一个测区或一批次的航摄影像具有相似的不均匀辐射畸变规律。DUX 软件处理影像的缺省参数大多继承最近一次操作的参数。因此，匀光处理这类影像时，比较有效的做法是：先打开其中一帧影像，调整并测试合适参数，保存结果；然后，成批打开其余影像，逐个影像检查，如果对其效果不满意，修改参数至合适值。匀色处理时，一般先调整每航带首尾影像，再自动匹配中间影像。如果所有相邻航带首或尾影像之间的旁向重叠比较整齐，可以尝试把所有首或尾影像作为一个"航带"，手工调整旁向"航带"两端影像，其中间影像颜色靠自动匹配得到，否则应手工调整。为了得到比较一致的色彩，同一测区的影像应同时在同一个显示器用同一软件打开做观察比较。此外，操作员还应了解影像拍摄日期、熟悉地表情况等，这有利于调整恢复影像的真实色彩。

1. 匀光处理基本步骤

（1）创建 ZDG 格式工作文档

每一个影像做匀光处理时，都有一个保存参数的 ZDG 格式工作文档与之对应。ZDG 匀光模块启动时，从"打开文件"对话框切换"文件类型"为"TIFF 文件"，或在其他时候执行"文件"→"新建"菜单命令弹出"打开文件"对话框（图 4 - 43），都可以选择打开一个或一个以上的 TIFF 文件。如果只选择了一个 TIFF 文件，ZDG 模块载入影像后，以缺省参数处理，然后创建对应的 ZDG 格式文档（图 4 - 44），可以选择缺省文件名或另外命名。但如果选择了一个以上的文件，ZDG 模块自动判断与所选影像同一目录下、与影像同名但扩展名为".zdg"的文件是否已经存在，若已经存在，ZDG 模块不再创建 ZDG 格式文档，而是打开该文档（若当前未打开），否则，创建相应影像默认的 ZDG 格式文档。

图 4 - 43 打开原影像

（2）选择合适的参数

ZDG 模块匀光处理有两类参数。第一类参数包括"有效范围""掩膜半径""掩膜距离"，以及可选的景物预处理及其"系数"和预处理块多边形，它们用于构造掩膜，矫正不均匀影像密度。另一类参数包括"亮度"和"反差"，用来调整影像的整体色

117

图4-44 创建ZDG格式文档

彩、明暗度和对比度。除了"有效范围"和预处理块多边形，其他参数均可以在"控制参数"对话框（图4-45，单击工具条上的"参数"按钮打开）输入。

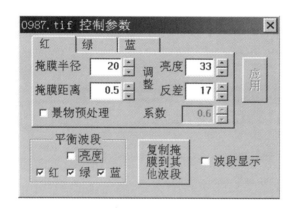

图4-45 彩色匀光参数

"有效范围"是用来计算"数字掩膜"的原影像内的一个矩形范围，可在原影像概略窗口用鼠标左键选中其中任一拐角，拖动至其对角后松开左键来定义，或者通过对话框直接输入"中心百分比"。对于大多数航摄影像，边框外的黑色影像不应作为有效影像计算。"有效范围"一旦改变，ZDG模块立即重新计算掩膜并应用于影像。

"景物预处理"选项用来减弱原影像中亮度或色彩突变的局部景物对数字掩膜的影响，其"系数"介于0和1之间，值越大减弱则大，反之则小。如果这类景物太大，还应在原影像概略窗口内定义多边形排除。通常，对平原地区影像，景物预处理很重要。通过对比匀光前后概略影像和掩膜图像，很容易判断是否需要选择此项和哪些景物需要定义多边形排除。

匀光处理控制参数中最主要的是"掩膜半径"和"掩膜距离"。前者最小为5，最大为100，一般为10~50，景物比较"碎"或不均匀性较严重时可小些，反之则大些，开始可以一次增减10~20观察处理效果，之后逐步求精；后者最小为0，最大为1，一般设置为0.5，可以一次增减0.1左右测试。后者作为前者的补充，通常只当修改"掩膜半径"不易取得满意效果时，才做适当改变。对彩色影像处理时，各波段的参数可以分别设置，但一般差别不大，单击"复制掩膜到其他波段"按钮可将当前波段的"掩膜半径""掩膜距离"和景物预处理"系数"复制到其他波段。"平衡波段"用来选择彩色影像中做匀光处理的波段，通常"红""绿""蓝"都存在不均匀，因此缺省为三波段全选。选择"亮度"波段指用彩色影像的亮度值计算"数字掩膜"，此选项比较少用。

"亮度"和"反差"参数的值是调整影像整体密度时，在原影像基础上分别增加（>0）或减小（<0）亮度"均值"和"标准偏差"的近似值。虽然它们的输入范围介于-255和+255之间，但实际作用值取决于原值。比较简易的方法是，打开原影像和直方图窗口，参照直方图窗口显示的各波段亮度均值和标准偏差，修改"影像标准统计值"对话框的各个数值，然后执行"适应标准统计值"命令。为了观察影像匀光后的效果，可以适当扩大对比度来显示影像，如果最后转换影像数据时选择"仅转换匀光结果"，可以不必恢复到合适的反差。

参数修改后，必须单击"应用"按钮才能生效。观察匀光效果时，最好打开原影像（单击工具条上的"原影像"按钮或执行"视图"→"原始影像"菜单命令）对比检查，必要时可放大观察局部影像。

（3）转换影像数据

以上参数确定过程并不直接作用于原影像数据，ZDG 模块"文件"子菜单下的"转换影像数据"或"批转换影像数据"命令用于生成最终匀光的结果。前者为单个影像转换命令，处理当前活动文档，需要指定输出影像文件名。后者为批处理作业命令，输入为 ZDG 格式文件或存储 ZDG 格式文件的目录，输出影像与输入影像同名，但必须指定输出目录。数据转换需要较多计算机资源，必须准备足够的硬盘空间。同时，由于计算量巨大，建议在操作员休息时执行批处理完成此项工作。

匀光处理输出可以选择"仅转换匀光结果"，其结果比原影像在灰阶上保存多1bit，影像信息比不选择"仅转换匀光结果"更丰富一些。如果需要进一步做匀色处理或者希望更高的灰阶分辨率，建议以此项选择输出匀光影像，并且在未匀色处理前不要用其他软件重写。

2. 匀色处理基本步骤

匀色处理模块 Unifier 的主要功能为单帧影像色彩调整（灰阶改变与位置无关）和相邻（存在足够重叠）影像的颜色自动匹配。

（1）调整单帧影像

与匀光模块类似，Unifier 调整一帧影像时也有对应的工作文档存储调整参数，其扩展名为".ufr"，创建方式与 ZDG 模块近似，不过其输入影像既可以是原始影像，又可以是匀光输出影像。影像色彩调整的核心是构造合适的像素灰度值映射表（LUT）。"对照表计算"对话框用于此目的。

1）黑白影像调整的一般方法

黑白影像调整多采用"γ自适应"构造 LUT（图 4-46），操作步骤如下：

①"输出灰阶"框内键入"最小""最大"值（一般采用缺省值 0 和 255）。

②如果不直接采用 Unifier 提供的输入影像有效像素值范围（"最暗""最亮"）缺省值，可根据输入直方图修改。其方法是，单击"γ调整"按钮，移动光标至输入直方图左端，根据图形框左下方显示的"输入直方图"概率确定"最暗"值（经验上，概率从最左端 0.000% 向右变化到 0.001% 的像素值可作为"最暗"值）。同理，移动光标至右端确定"最亮"值。但如果有效影像范围（概略显示窗口虚线方框，可用"选择"→"直方图统计范围"→"…"菜单命令修改）内存在非正常像元，如污点、划痕、黑色像幅边框、镜反射阳光等无效影像，一般要去除它们的影响。之后，把这两个值输入到相应的编辑框。

③单击"γ自适应"按钮，键入期望的"输出均值"和"标准差"（多数情况下前后两者分别为 100~150 和 30~60，取决于地表覆盖、地形、用户需求等），如果前一步改变了"最暗""最亮"值，不希望回到缺省值，标记"保持'最暗'、'最亮'值"选项，并单击"构造对照表"按钮。

④移动屏幕光标到概略影像窗口，单击左键放大其中最暗和最亮影像或需要特别关

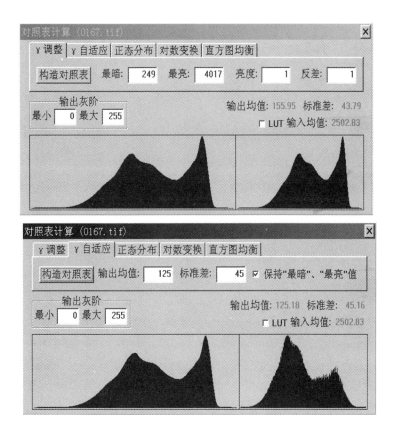

图 4 – 46 黑白影像调整

注的部分，检查放大窗口影像信息完整与否，必要时改变前述参数，再次单击"构造对照表"按钮，直至影像亮度、对比度满意，最后单击"确定"按钮。

2）彩色影像调整的一般方法

彩色影像调整时建议采用"γ调整"（图 4 – 47）。首先单击"γ调整"按钮，然后按如下顺序操作：

①波段复选框分别选择"红""绿""蓝"，"输出灰阶"框内键入相应波段"最小""最大"值（一般均采用缺省值 0 和 255）。

②与黑白影像调整一样，对不直接采用缺省输入"最暗""最亮"像素值的波段，根据该波段输入直方图进行修改。其方法是，显示方式复选框中选择"波段显示"，波段复选框中选择相应波段，与黑白影像调整时确定输入像素值有效范围的方法类似，将光标移至输入直方图左、右端，根据概率确定"最暗"和"最亮"值。在大多数情况下，红、绿、蓝三个波段都需要检查或修改其"最暗""最亮"值。

③显示方式复选框中选择"彩色显示"，波段复选框中选择"全色"，"γ调整"制

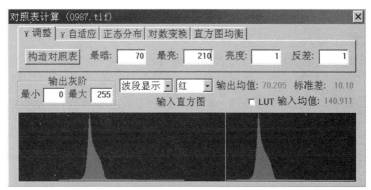

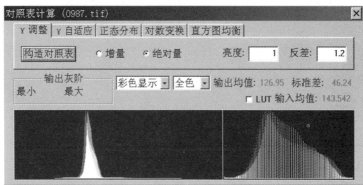

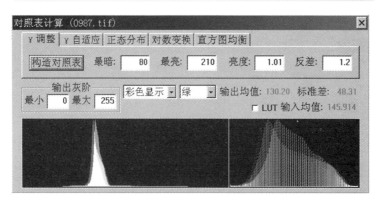

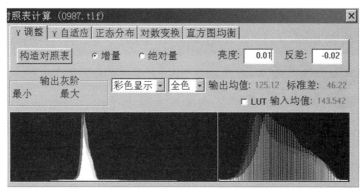

图 4 - 47　彩色影像调整

表页内选择"绝对量"单选按钮，"亮度""反差"先置"1"，单击"构造对照表"按钮，观察概略影像和图形框右上方显示的"输出均值""标准差"。在一般情况下，通过逐渐增减"亮度""反差"值并单击"构造对照表"按钮，使"输出均值"在100～150范围内、"标准差"在30～60范围内。

④观察概略影像窗口，并在此窗口内找出熟悉景物，将光标移至该处单击左键，打开放大影像窗口，如果这两窗口中影像颜色失真，波段复选框中选择颜色过度或缺少的波段，增减其"亮度""反差"值，单击"构造对照表"按钮，再观察屏幕上两窗口影像，重复以上操作，直至消除影像偏色。影像匀色操作要求操作者具备彩色影像合成的基本知识（图4-48），并尽可能多观察、了解景物的真实颜色。这是因为，即使是同一类植被，不同的航摄时间或地理位置，其色彩也可能会不相同。

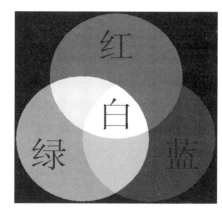

图4-48　彩色三原色合成

⑤波段复选框中再次选择"全色"，检查概略影像和"输出均值""标准差"，如果影像亮度、对比度不合适，选择"增量"单选按钮，在"亮度""反差"编辑框中分别输入"亮度"和"反差"的增量（负数表示减亮度、反差），并单击"构造对照表"按钮。最后，对传统画幅式航测影像，如果需要用精确的框标位置来恢复内方位参数，还应放大检查框标点影像是否清晰可辨，如果有必要，可以用"框标增强"功能做局部加强。

亮度均值和标准差（标准偏差）是分别反映影像亮度和对比度的两个最重要的统计指标。对于覆盖较大面积的大多数航测影像，这两个值有比较固定的范围。除少数极端情况外，这两个值不应偏离过大。在通常情况下，亮度均值依景物不同而有千差万别，难于一概而论，主要由用户的习惯、喜好等主观因素决定；至于标准差，一般说来，城镇比乡村大，水系比陆地小，沙漠比植被、建筑物、居民地小，同一影像匀光后比匀光前小（如果要保持相似的局部反差）。

除了上述两个指标，航测影像直方图也应当满足某些基本要求。对绝大多数有效范围内的影像，不应出现明显饱和像元，即直方图两端的像素值概率应近似为零；同时灰阶连续，即中间基本不出现零概率灰阶。正常直方图的两端多为"斜坡"形状，"坡

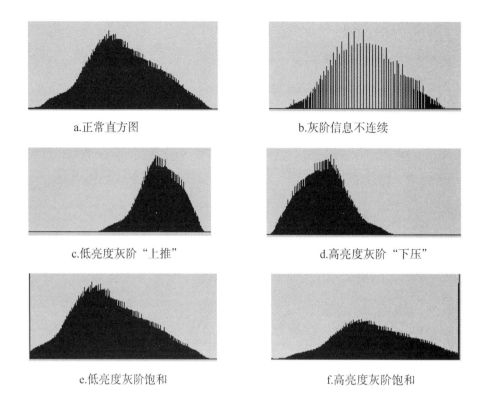

a.正常直方图　　　　　　　　　　b.灰阶信息不连续

c.低亮度灰阶"上推"　　　　　　　d.高亮度灰阶"下压"

e.低亮度灰阶饱和　　　　　　　　f.高亮度灰阶饱和

图 4 - 49　典型输出影像直方图

底"高度几乎为零，中间形状不定，与景物关系较大，如图 4 - 49 所示。若干典型的非正常直方图形态如图 4 - 49b ~ 图 4 - 49f 所示。在图 4 - 49b 中，影像灰阶不连续，造成实际密度分辨率降低，严重时视觉上可能不够细腻，其原因可能是输入影像直方图范围太窄，如 8 bit 灰阶影像调整后常见此现象；在图 4 - 49c 中，低亮度影像"上推"，引起高亮度影像灰阶数压缩；在图 4 - 49d 中，高亮度影像"下压"，引起低亮度影像灰阶数压缩；在图 4 - 49e 中，影像低亮度端饱和；在图 4 - 49f 中，影像高亮度端饱和。图 4 - 49c ~ 图 4 - 49f 所示的影像直方图还有可能是构造 LUT 时"最暗""最亮"参数选择不当引起的。

（2）航带影像颜色自动调整

利用航测影像的重叠，DUX 能够自动完成相邻像片间的匀色处理。其原理是，重叠区域的影像除了存在投影差、摄影方向和在像幅位置不同等微小差异外，基本上可视为同一地表覆盖的相同影像，因此，两者的灰阶属性应基本相同。匀色模块的"色彩匹配"处理就是尽可能达成此目的。

与哪张航片相邻和重叠区域的位置是自动确定的。为了保证可靠性，匀色模块需要对影像的密度和几何相关信息做严格匹配，如果航摄或扫描质量太差，如相对 κ（旋偏角）太大、重叠比例过低或差别太大、影像密度信息或细节损失严重（图 4 -49b ~ 图 4 -49f）等，就有可能造成相邻影像寻找失败，此时必须手工调整。

自动"色彩匹配"以航带为一个计算单元，其中必须有一两个已调整好的影像作为"标准"，通常选择航带两端航片。航带可以是真实完整的航摄条带或其中一段（均为左右重叠），或者是航带间旁向重叠比较规则的航片组成的旁向"航带"（上下重叠），一般由各个航向重叠航带的第一或最后一片组成。

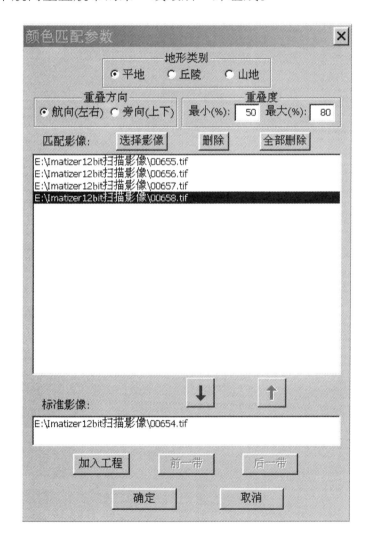

图 4 -50   "颜色匹配参数" 对话框

执行菜单命令"处理"→"色彩匹配"，打开"颜色匹配参数"对话框，如图 4 -50所示。单击"选择影像"按钮选择一条航带的所有影像（图 4 -51），可以选择

UFR 格式文件或 TIFF 文件（通过"文件类型"切换，如果 TIFF 文件处于打开状态，必须选择对应的 UFR 格式文件；如果是未调整过的影像，则必须选择 TIFF 文件）。选入的影像首先加入到"匹配影像:"窗口，单击选中其中欲作为"标准"的影像，再单击"↓"按钮，即被选为"标准影像"。如果一次要完成多个航带的计算，单击"加入工程"按钮，然后按前面方法选择其他航带影像。在"地形类别"栏下选择自动寻找相邻影像的判断条件从最严格的"平地"到最宽松的"山地"，用户应该先选择最严格条件进行计算，如果失败，再选择相对宽松的条件。在"重叠方向"栏下选择航带的重叠方式。在"重叠度"栏下的编辑框中输入的百分比范围作为判断寻找相邻影像是否可靠的依据之一。"地形类别""重叠方向"和"重叠度"选项作用于本次选择的全部航带。"确定"按钮被单击后，DUX 逐个航带进行自动色彩调整。计算完毕，显示作业开始和结束时间、每一航带影像相邻顺序等信息，如果有失败或与实际情况不一致的结果，应查找原因，如果是因为判断条件过于宽松，应做适当改变或改用人工调整。如果用户只选择了一条航带，调整后的结果不自动保存，用户可先检查，满意后再保存全部文档。

图 4-51　输入自动调整影像

（3）转换调整结果

通过前面各种手段调整好的影像必须转换为另外一个影像文件，才能供其他软件使用。输出影像的灰阶一律为 256 级（8 bit），不管输入影像级别数是多少。如果文件处在已打开状态，用"文件"→"生成 8 位图像"菜单命令可转换当前活动文档对应的

影像。为提高设备使用效率，建议利用晚间或其他休息时间，执行"文件"→"成批
生成 8 位图像"→"应用多个 ufr 文件"命令，以批处理方式完成最后的转换。

4.4 小结

SWDC 可根据不同的测绘任务要求，可选择 35 mm、50 mm 及 80 mm 三种焦距的摄
影装备获取数字航空影像。为了确保最终产品的质量，SWDC 配备了飞行设计软件、飞
行管理软件、影像数据下载与预处理软件、索引图拼接及摄影质量分析软件、影像拼接
软件、精密单点定位解算软件与匀光匀色等一系列的软件来帮助各个阶段作业人员高质
量、高效率地完成相应的任务。

5 SWDC 数字航摄仪的数据获取与处理

基于 SWDC 的数字航空摄影测量技术在国家基础测绘、国土资源调查等领域中具有广泛的应用前景。SWDC 数字航摄仪可以更换不同焦距镜头，视场角可大可小，重量轻，可用小型飞机作为拍摄平台，这大大增强了数字航空摄影测量的机动灵活性，可满足大、中、小各种比例尺航空摄影测量及多种制图产品的需要。它采用内置测量型 GPS 接收机，实现了高精度定点曝光，记录精确摄站坐标，辅以进行 GPS 辅助空中三角测量，大大减少了后期处理所需的野外控制点测量，在困难地区测绘中优势明显。

为进一步推动 SWDC 在国家基础测绘及国土资源调查等领域的应用，有必要对基于 SWDC 的数字航空摄影测量技术和方法进行归纳和总结。本书通过分析和多次试验及实际生产获取的数据和结果，初步形成了 SWDC 进行工程化应用的关键技术体系。本章将以此为基础，对 SWDC 在实际工程化应用的技术流程进行总结和说明。

对于一个完整的数字航空摄影测量项目而言，其主要内容包括航线规划设计、航摄飞行、影像数据预处理、地面像控测量、GPS 辅助空中三角测量以及基于数字摄影测量工作站的 4D 产品制作等各个环节，其主要技术流程如图 5 - 1 所示。

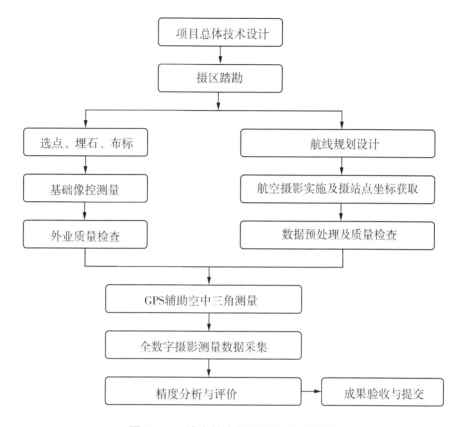

图 5-1 数字航空摄影测量技术流程

5.1 航摄飞行规划与设计

接到航空摄影测量任务后，测量单位首先要做的就是收集相关资料，主要包括测区已有的地形图资料、数字高程模型以及甲方的航摄任务书等，然后基于这些资料进行航摄区域的划分以及航线的规划设计。航线规划与设计的目的主要是确定航摄飞行的航高以及各个曝光点的地理坐标。

5.1.1 航线设计的基本依据

1. GSD 确定

在所使用的数码摄影机以及摄区的基本情况确定之后，整个航摄设计的出发点只有一个，那就是 GSD。GSD 即为数码摄影机 CCD 一个像元对应的地面尺寸，或者理解为数字影像对地面的采样间隔，例如 TM（Thematic Mapper，专题制图仪）影像的 GSD 是 30 m，SPOT5 卫星超模式的 GSD 为 2.5 m，IKONOS（伊科诺斯）遥感卫星全色波段的 GSD 是 1 m，QuickBird（快鸟）遥感卫星的 GSD 是 0.6 m。

GSD 的确定有三种方法。第一种方法是由甲方在合同中指明。第二种方法是采用航摄比例尺确定，但必须等效为胶片的扫描像元 21 μm 来计算，例如要求航摄比例尺为 1:3 500 时，GSD 应为 3 500 × 21 μm，即 7.35 cm。第三种方法是由成图比例尺根据经验来确定，例如比例尺为 1:500 时为 6~8 cm，比例尺为 1:1 000 时为 10 cm，比例尺为 1:2 000 时为 20 cm，比例尺为 1:5 000 为 40 cm，比例尺为 1:10 000 时为 73 cm。对于特种成图比例尺，GSD 应有所调整。例如：1:500 地籍界址点测量时，应采用 4~5 cm 的 GSD；1 m 等高距 1:10 000 比例成图时，GSD 应采用 40 cm；1:50 000 比例成图时，因航高太高而飞行困难，实际上一般采用 100 cm 或者更大的 GSD。总之，GSD 的确定应根据具体情况，最终与甲方共同确认。

相关经验表明：上述 GSD 的确定方法主要是根据地形图比例尺精度进行的，即图上 0.1 mm 对应的实地距离。在实际情况中，若不生产影像地图，只生产矢量图或数字高程模型（Digital Elevation Model，DEM），根据经验，GSD 可以在上述数据的基础上扩大 2~5 倍，但需要得到甲方的同意，扩大之后有利于航摄飞行，内业成图工作量也减少。

由于 SWDC 摄影机是倾斜摄影，焦距较短，影像的边缘分辨率有所下降，为保证影像地图任何位置的分辨率达到要求，实际的 GSD 应有所减小。SWDC 摄影机的焦距一般有 50 mm 和 80 mm 两种，焦距越长，影像的边缘分辨率下降越小，50 mm 焦距比 80 mm 焦距下降得要快，50 mm 焦距的 GSD 缩小系数为 0.82，80 mm 焦距的 GSD 缩小系数为 0.92。例如，原来确定的 GSD 为 10 cm，实际采用的 $GSD_{安全}$ = GSD × 缩小系数，这样在 50 mm 焦距时实际采用的 $GSD_{安全}$ 为 8.2 cm，在 80 mm 焦距时实际采用的 $GSD_{安全}$ 为 9.2 cm。由于 1:5 000、1:10 000 或更小比例尺的 GSD 设计已经优于图上 0.1 mm 的分辨率，故而在确定 GSD 时，不用再乘以安全系数。

2. 选择摄影机焦距

SWDC 摄影机的镜头焦距主要有 50 mm 和 80 mm 两种，应根据具体的航摄实际（如飞行高度、成果用途、精度要求等）选择合适的镜头。例如：成果主要用于正射影像，并且天气允许，应考虑使用 80 mm 焦距镜头，从而获得质量较好的影像；在天气适宜，少向低空飞行以及等高距小于 0.5 m 时，应选用 50 mm 焦距镜头。地形图有高程精度要求时，基本上都采用 50 mm 焦距镜头；在受空域或地形条件限制（如航摄区域高差大，盆地中的城市等）时，应考虑用焦距为 80 mm 的镜头。如果使用 50 mm 焦距镜头所成影像边缘房屋倒得厉害，应采用 80 mm 焦距镜头。此时，如果因为高程精度的原因还想使用 50 mm 焦距镜头的话，应考虑加大旁向重叠度，或者用 11k × 11k 来进行航向飞行设计，其拍摄效果与 150 mm 焦距的镜头完全一样。

3. 选择像对类型

SWDC 摄影机的像幅为矩形像幅，因此飞行时有两种像对方式，像幅短边在飞行方向时称为窄像对飞行方式，当像幅长边在飞行方向时称为宽像对飞行方式。为了提高飞行效率，绝大部分飞行都采用窄像对飞行方式。只有在下面两种情况下才会考虑宽像对飞行方式：第一，当基线过短导致曝光时间间隔小于 4 s 时，应选用宽像对飞行方式；第二，在水利部门要求超高高程精度时，采用宽像对飞行方式。

5.1.2 航线设计所需参数的计算

1. 航线设计所需参数计算的过程

对任何一台数码摄影机进行航摄设计时均需 4 个独立参数，它们是焦距 f（50 mm 或 80 mm）、CCD 感光的最小单元尺寸 δ（6.8 μm 或 9 μm）、CCD 影像行数 M 和每行内的像元个数 N（也称为列数）。SWDC 航线设计的 4 个独立参数如表 5 - 1 所示。基于这 4 个独立参数，以及所确定的航摄重叠度、根据成图比例尺确定的 GSD、测区的地形信息，即可进行航线设计所需参数的计算。其计算过程如下：

表 5 -1 SWDC 航线设计的 4 个独立参数

项目	数值	
CCD 尺寸 δ	6.8 μm	
焦距 f	50 mm	80 mm
影像行数 M	15 000k	14 500k
影像列数 N	10 000k	11 000k

（1）计算平均海拔高程 =（高点均值 + 低点均值）/2。

（2）相对航高 $H = f \times \mathrm{GSD}_{安全} / \delta$，飞行高度 ＝ 平均海拔高程 ＋ H。

（3）基线长 $B = \mathrm{GSD}_{安全} \times N \times$（1 － 航向重叠度）。

（4）航线间隔 $D = \mathrm{GSD}_{安全} \times M \times$（1 － 旁向重叠度）。

（5）单像片覆盖的地面面积 ＝ $M \times N \times \mathrm{GSD}^2_{安全}$。

（6）单像对地面覆盖面积 $S = M \times$（1 － 旁向重叠度）$\times N \times$（1 － 航向重叠度）$\times \mathrm{GSD}^2_{安全}$。

（7）每幅图的像对数 ＝ 图幅面积 $/S$，其中图幅面积近似值对应关系如表 5 － 2 所示。

表 5 － 2　图幅面积近似值对应关系

成图比例尺	图幅面积	成图比例尺	图幅面积
1∶500	0.062 5 km^2	1∶5 000	≈6 km^2
1∶1 000	0.25 km^2	1∶10 000	≈25 km^2
1∶2 000	1 km^2	1∶50 000	≈600 km^2

（8）摄区最高点的重叠度变小估算

整个摄区的航向重叠度应不小于 55%，旁向重叠度应不小于 15%，随高度增加，重叠度减小。因此，摄区最高点是重叠度减小最大的地方，若最高点的重叠度满足要求（航向重叠度不小于 55%，旁向重叠度不小于 15%），则整个摄区都会满足要求。若估算出的重叠度不满足要求，则应在最高点区域内采取缩短基线、减小航线间隔的措施加以解决。

最高点重叠度估算方法如下（以旁向重叠度为例）：

1）飞行的相对航高为 H。

2）最高点高出平均高程的数值 $h = $（高点均值 － 低点均值）/2。

3）最小重叠度估算步骤如下：

步骤 1：估算出最高高程的实际 $\mathrm{GSD}_{最小} = $（$H - h$）$\times \delta / f$。

步骤 2：估算出最高高程处的旁向地面覆盖 $W_{y_{最小}} = \mathrm{GSD}_{最小} \times M$。

步骤 3：从设计数据中取出设计的航线间隔 D。

步骤 4：$D = W_{y_{最小}} \times$（1 － 最小旁向重叠度）。

由上述步骤得出，最小旁向重叠度 $= 1 - D/W_{y_{最小}}$。同理，在航向重叠度减小的公式应该为：最小航向重叠度 $= 1 - B/W_{x_{最小}}$，其中 B 为设计基线，$W_{x_{最小}}$ 为最高高程处的航向覆盖，$W_{x_{最小}} = \text{GSD}_{最小} \times N$。

2. 某测区航线设计参数计算示例

该区成图比例尺为 1：2 000，使用的是 CCD 感光最小单元尺寸 6.8 μm、焦距 50 mm 的摄影机，摄区最高点高程均值约为 624 m，最低点高程均值约为 0 m，飞行相对航高为 1 100 m，该区用于设计的 $\text{GSD}_{安全}$ 为 15 cm，航线间隔 D 为 1 261 m，基线长为 420 m。计算过程如下：

$$h = （624 + 0）/2 = 312（\text{m}）$$

$$\text{GSD}_{最小} = （H - h）\times \delta/f$$
$$= （1\,100 - 312）\times 6.8 \times 10^{-6}/（50 \times 10^{-3}）= 0.107\,2（\text{m}）$$

最高测区旁向地面覆盖 $W_{y_{最小}} = \text{GSD}_{最小} \times M = 0.107\,2 \times 15\,000 = 1\,608（\text{m}）$

最小旁向重叠度 $= 1 - D/W_{y_{最小}} = 1 - 1\,261/1\,608 = 0.215\,8$

最小航向重叠度 $= 1 - B/W_{x_{最小}} = 1 - 420/（0.107\,2 \times 10\,000）= 0.608$

测区最低点 $\text{GSD} = （H + h）\times \delta/f$
$$= （1\,100 + 312）\times 6.8 \times 10^{-6}/（50 \times 10^{-3}）= 19.2（\text{cm}）$$

结果分析：如果旁向重叠度最小小于 15%，应该加大设计的旁向重叠度，即缩小航线间隔符合要求；如果旁向重叠度最小大于 20%，应考虑适当缩小设计时输入的旁向重叠度；如果航向重叠度最小小于 55%，应加大设计时输入的航向重叠度；如果航向重叠度最小大于 60%，应考虑缩小设计时输入的航向重叠度，以提高航摄效率；如果最低点 $\text{GSD}_{最大}$ 大于成图比例尺 0.1 mm 对应的地面尺寸，应该缩小设计时输入的 $\text{GSD}_{安全}$。

5.1.3 基于 DesignCourse 的航线设计程序操作

航摄飞行设计主要包括航线位置、航线数量、航线间隔、曝光点间隔、曝光点个数、旁向重叠度、航向重叠度、地面分辨率、相对航高、平均海拔等内容。传统航线设计一般根据地形图进行图上作业，然后利用计算器进行曝光点位置的计算，并形成设计文本，这些工作十分复杂而且耗费大量的人力，特别容易出现人为错误。为了避免飞行设计人为因素的干扰与提高设计的工作效率，本项目开发了航线设计系统 Design-

Course，界面如图 5 – 2 所示。

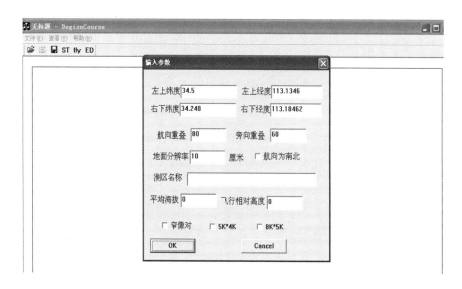

图 5 – 2　DesignCourse 航线设计程序界面

DesignCourse 提供了两种航线设计模式：一种是不考虑地形起伏的常规航摄设计，即当航拍地区比较平坦或者飞行高度比较高，且该地区 DEM 难以收集时，航线设计不用考虑该地区的地形变化，而只考虑该飞行区域的范围；另一种是考虑地形起伏的变基线航摄设计，即飞行区域内地形起伏相对较大，飞行高度不高，地形变化对航拍结果影响较大，此时应利用飞行区域的 1:50 000 DEM 或 SRTM（Shuttle Radar Topography Mission，航天飞机雷达地形测绘任务）数据来进行变基线航摄设计。

航线设计需要输入包括测区范围（测区四角地理坐标）、航向及旁向重叠度、地面分辨率、航线方向、测区名称、平均海拔和相对航高等相关参数。填写参数时，要确保输入参数的正确性，特别是要在上述航线设计参数计算结果的基础上进行输入，以确保相对飞行航高及设计航向重叠度和旁向重叠度能够满足测区最高点的影像重叠度，避免出现航摄漏洞。各项参数填写完成后，DesignCourse 自动计算航线设计结果，并以图形的形式显示在计算机屏幕上，如图 5 – 3 所示。

SWDC 数字航空摄影仪采用了智能定点曝光技术，系统可根据设计曝光点坐标进行定点曝光，大大降低了航空摄影的作业难度，提高了航摄效率。DesignCourse 不仅可以将航线设计的结果进行图形显示，还可将满足航向重叠度及旁向重叠度的各个曝光点坐标进行输出，导入 SWDC 飞行控制系统，实现定点曝光，其导出的航线设计结果文件

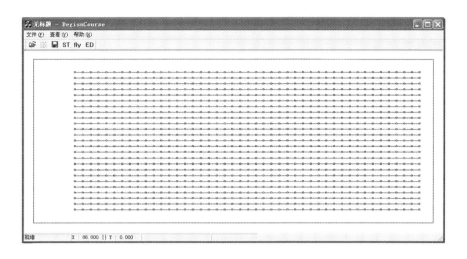

图 5 - 3　航线设计结果的图形显示

的扩展名为 ". dat", 格式如图 5 - 4 所示。

图 5 - 4　航线设计结果的文本显示

5.1.4　航线设计的正确性检查

航线设计的正确性检查主要是对所设计的航线进行宏观检查, 概略检查设计区域、航线方向等信息是否与实际相符。航线设计的正确性检查目前可按三种方法进行。

1. 利用 CAD 软件配合测区已有地形图

将所设计的航线曝光点数据转为平面坐标 (X, Y) 格式导入 CAD (Computer Aided Design, 计算机辅助设计) 软件中, 并将测区已有地形图导入 CAD 软件中作为底图, 在 CAD 软件中将两种图层同时显示, 即将设计的航线显示在地形图上, 检查航线设计的总体正确性, 示例如图 5 - 5。

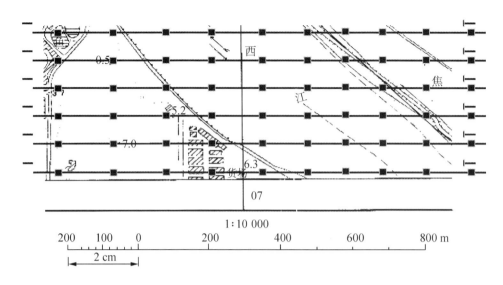

图 5 - 5　基于 CAD 软件的航线设计结果检查

2. 基于 MapSource 软件进行检查

MapSource 软件是手持 GPS 机自带的伴随软件，其中含有全球的概略地形图，精度高于 200 m。将设计的曝光点数据按经纬度坐标导入 MapSource 自带的简易地形图上，可检查航线设计的总体正确性，示例如图 5 - 6。

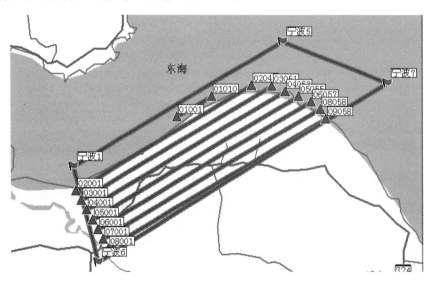

图 5 - 6　基于 MapSource 软件的航线设计结果检查

3. 基于 ArcGIS 软件进行检查

ArcGIS 属于地理信息系统软件之一，软件中带有 1∶1 000 000 概略地形图资料。将设计的曝光点数据按经纬度坐标导入 ArcGIS 自带的简易地形图上，可检查航线设计的总体正确性，示例如图 5 - 7。

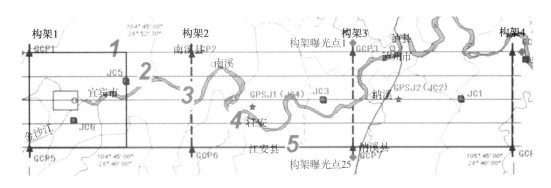

图 5 - 7　基于 ArcGIS 软件的航线设计结果检查

5.2　航摄飞行元数据的建立及空中操作

5.2.1　航摄飞行元数据的建立

航线设计结果确定以后，即可进行航摄飞行工作。为确保航摄飞行的正确性以及航摄数据的完整性，有利于后续数据处理，需要建立航摄飞行元数据，主要内容包括测区名称、飞行日期、风力、天气情况、磁偏角、飞行架次、相对航高、飞行平台、地面分辨率、摄站 GPS 机型号、地面 GPS 机型号等信息。目前 SWDC 航摄飞行元数据的建立方法主要有两种：一种是在个人计算机上利用航线设计软件 DesignCourse 生成，另一种是利用 SWDC 飞行控制计算机的控制程序。这两种方法所生成的飞行日志文件如图 5 - 8 所示。

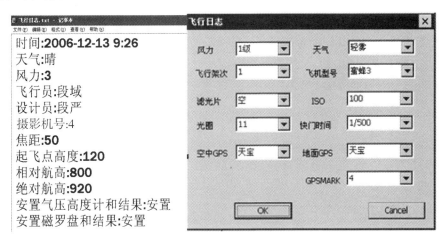

图 5 - 8　航摄飞行日志文件

5.2.2　航摄飞行前的准备

航摄飞行前的准备工作主要包括飞行前 GPS 机准备、飞行前软硬件准备以及确定磁偏角。GPS 机是 SWDC 系统的重要组成部分，其工作状态直接关系到摄站坐标获取、定点曝光、飞行导航、Marker 点等环节。飞行前 GPS 机主要准备工作包括清空 GPS 机的 CF 数据采集卡、GPS 机电源充电、GPS 机参数设置等环节。飞行前软硬件准备工作主要包括电瓶充电、检查滤光片、检查 task. dat（航线设计结果文件）、摄影机曝光参数设置以及进行定时曝光试验等，以保证系统工作正常。

磁偏角的确定也是飞行前的一项重要准备工作，其确定方法主要有两种。当测区没有地形图资料时，可以采用手持 GPS 机和磁罗盘配合来确定磁偏角。其确定思路为：先在 MapSource 软件上预设置理论南北方向点（点间隔 50 m 左右），然后将所设置的点导入到手持 GPS 机中，将理论点利用手持 GPS 机在实地进行放样，并用绳子根据放样的点拉出一条基准线，将磁罗盘放在基准线上，使磁罗盘的指针线与该基准线平行，并读取磁罗盘读数来确定磁偏角。该法因手持 GPS 机精度的限制而使确定值的精度不高，大概有 ±2° 的误差。当测区有地形图资料时，可根据测区 1∶50 000 地形图的"三北"方向确定磁偏角。

5.2.3　空中操作步骤

SWDC 内置飞行控制计算机的键盘提供 16 个按键，每个按键的含义如图 5 - 9 所示。

下面对多个按键的含义和功能进行介绍。

1. 重飞补点键

当飞机在空中航拍时，由于摄影机故障，发生掉片情况，需要直接空中补点时，按此键，将清除发生故障时曝光前后的几个曝光记录。

2. Home 键

航拍任务完成后，或者发生意外情况需要返航时，按此键，进入导航模式。

3. 飞行日志键

航拍任务完成后，或者任务意外终止时，需要按此键，进行飞行日志记录。

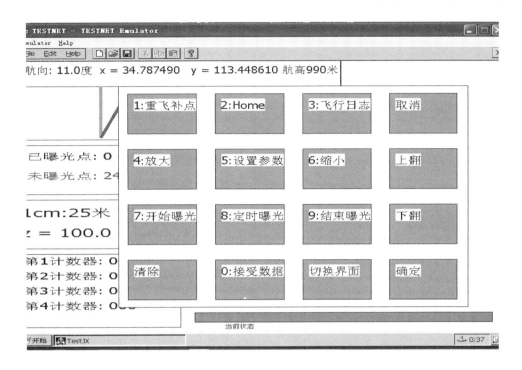

图 5-9 SWDC 内置飞行控制器界面

4. 放大键

按此键，放大显示倍数，系统提供 1 cm: 25 m、1 cm: 50 m、1 cm: 100 m、1 cm: 300 m、1 cm: 500 m、1 cm: 800 m 共六种比例尺。

5. 设置参数键

按此键，可设置飞行时的各种参数，包括定时曝光间隔、航向容差、旁向容差等。

6. 缩小键

按此键，可缩小显示倍数，系统提供 1 cm: 25 m、1 cm: 50 m、1 cm: 100 m、1 cm: 300 m、1 cm: 500 m、1 cm: 800 m 共六种比例尺。

7. 开始曝光键

按此键，开始接受数字罗盘和 GPS 机的数据，进入定点曝光阶段。

8. 定时曝光键

按此键，将进入定时曝光阶段。

9. 结束曝光键

按此键，结束接受数字罗盘和 GPS 机的数据，结束定点曝光，同时将飞行控制计算机的数据拷贝到硬盘。

10. 切换界面键

按此键，可进行飞行控制界面与按键说明的切换。

5.3 数据下载与影像预处理

5.3.1 控制机数据下载与处理

飞行结束后，飞行控制计算机中产生一个 ERC 格式记录文件。该文件中包含了摄影机曝光时刻信息、摄站单点 GPS 伪距坐标、时间信息等内容，利用该记录文件可以获取曝光同步性以及曝光连续正确性等信息。对 ERC 格式文件进行处理就是根据航摄飞行过程中摄影员记录情况对该文件中的记录内容进行正确性处理并进行适当的数据统计。通过处理，摄影机曝光时刻的 Marker 记录与 ERC 格式文件中的曝光记录相对应一致，为"摄站坐标解算"环节提供参考数据，并通过适当的数据统计，了解摄影机曝光的同步性。

例如，某次航摄飞行，总设计曝光点为 360 个，航摄时，根据摄影员记录，地面试曝光 3 次，空中第 51 个曝光点异常未曝光，空中飞行过程中对该点进行了补拍，补拍时共计曝光了 3 个（总排序为 141、142、143），该点为第 2 个曝光点（排序为 142），其余各点曝光均符合航摄设计。在对 ERC 格式文件进行处理时，必须首先剔除文件中第 141 个点和第 143 点对应的曝光记录数据，并将第 142 个点的曝光记录数据剪切到第 50 个点的记录数据后面，作为第 51 个点的曝光数据记录；其次剔除第 1、2、3 个点的曝光记录数据（地面试曝光 3 次），此时文件中的所有记录应为有效数据，即为 360 个曝光点数据记录；最后，必须将记录点的编号进行重新排序，变为 1、2、3、…、360 的顺序排列。另外，利用数据记录中的曝光时间信息可以统计 4 台摄影机的曝光同步性情况（如同步时间出现 300 ms 的次数），利用脉冲时间差可以检查相邻曝光点曝光时间间隔的正确性等的处理。

5.3.2 GPS 数据下载与处理

GPS 数据下载是指对 GPS 接收机的原始观测采集数据进行下载并进行概略处理。

GPS 原始数据中包含了观测文件信息（O 文件）、广播星历文件信息（N 文件）和触发事件（EVENT）信息（TXT 格式文件）等内容。通过 GPS 原始观测数据的下载与概略处理，能够将 GPS 原始观测 DAT 文件转换为统一数据格式（RINEX）的 O 文件和 N 文件，并分离出触发事件 TXT 格式文件，为 GPS 数据精处理（PPP 解算或差分解算）和 Marker 点内插做数据准备。

GPS 原始观测数据下载可通过 USB 线或串口 Y 型线两种方式进行。通过 Y 型线下载时，将 Y 型线一端与计算机的串口相连接，另一端与 GPS 接收机第 2 个接口连接，打开 Trimble Data Transfer 软件进行相关操作，即可进行数据下载。通过 USB 线下载时，将 USB 数据线的一端与计算机相连，另一端连接 GPS 接收机尾端内的 USB 接口，并通过 Trimble Data Transfer 软件自带的驱动程序激活 USB 接口，然后将采集卡中的 T01 文件拷贝到计算机中。下载完毕后，拷贝文件为 T01 文件，必须利用 Trimble Data Transfer 软件将该文件转换为 DAT 格式。

GPS 数据概略处理主要是将下载的 DAT 格式观测数据进行格式转换（RINEX 格式），并从原始数据中分离出曝光触发事件 TXT 格式文件。利用 Trimble Data Transfer 软件自带的 TGO（Trimble Geomatics Office）数据处理文件，读取 DAT 格式文件。此时，系统将自动在所建目录中生成事件的 TXT 格式文件，然后利用 TGO 软件中的格式转换功能，输入 DAT 数据即可将其转换为标准格式（RINEX）数据 O 文件和 N 文件。

GPS 数据处理包括差分解算（基于 WayPoint 软件和 TGO 软件）和单点定位解算（基于 PPP 软件）两种，通过解算获取控制点（包含摄站点）的三维空间坐标。

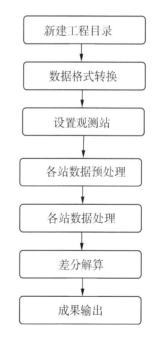

图 5 – 10　WayPoint 静态差分解算流程

WayPoint 静态差分解算采用 WayPoint – GrafNet 软件进行处理，外业像控 GPS 点的处理一般采用此软件进行处理，其数据处理流程如图 5 – 10 所示。

TGO 软件主要用于静态观测数据的处理，使用方便，无须加密狗，对于航测地面控制 GPS 点的静态采集数据处理比较合适。其数据处理流程主要包括新建项目、打开已建项目、导入观测数据、基线处理、平差处理、结果数据导出等步骤。

5.3.3　摄站点坐标解算

摄站点坐标解算是指对摄站 GPS 的动态采集数据进行 GPS 数据平差处理，通过处理，解算出摄站点三维 WGS – 84 坐标。摄站点坐标解算可采用 WayPoint 的动态处理模块 GrafNav 进行，具体操作步骤与静态处理方式相似。

尤其值得一提的是，摄站点坐标解算也可采用精密单点定位 PPP 软件来进行。采用 PPP 技术来获取摄站点坐标，无须在航摄飞行时外业布设 GPS 基准站，由此节省了大量的外业工作，降低了生产成本，因此在实际工作中得到了广泛应用。

精密单点定位是指利用 IGS 提供的或自己计算的 GPS 卫星的精密星历和精密钟差，用户利用一台含双频伪距和载波相位观测数据的 GPS 接收机，就可以在全球任意位置进行高精度定位的技术。利用 PPP 软件进行 GPS 数据处理，需在数据采集两周后进行，即需要在 IGS 网站上下载精密星历数据后，才能进行 GPS 平差处理。利用 PPP 软件进行 GPS 数据处理的流程如图 5 – 11 所示，以 TriP 软件为例。

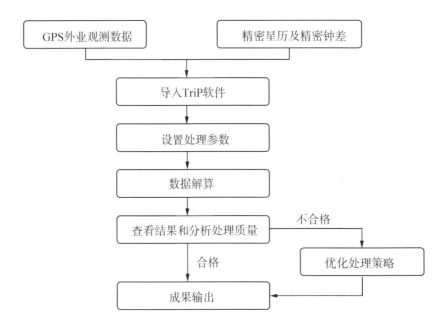

图 5 – 11　TriP 软件 PPP 解算流程

5.3.4 影像数据下载及预处理

航摄飞行结束后，对于 SWDC 数字航摄仪来说，它获取的影像数据需要经过数据下载、格式转换、畸变差改正以及影像拼接等过程，才能转化为空中三角测量以及数字摄影测量工作站所需的影像数据，从而为后续的内业航测数字产品制作奠定基础。这些工作称为数字航空影像数据预处理，其流程如图 5－12 所示。

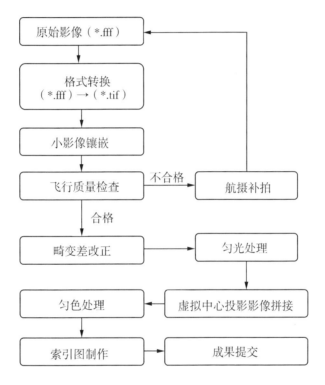

图 5－12　影像数据预处理流程

1. 3F 格式原始影像拷贝下载及格式转换

SWDC 数字航摄仪获取的原始影像数据是 3F 格式的。航摄飞行结束后，可将 3F 格式的原始影像数据直接拷贝下载到计算机中，在实际应用过程中需要将其转换为通用的 TIFF 文件。3F 格式影像数据向通用 TIFF 文件的转换可采用 FlexColor 软件来进行，转换时建议采用如图 5－13 所示选项。

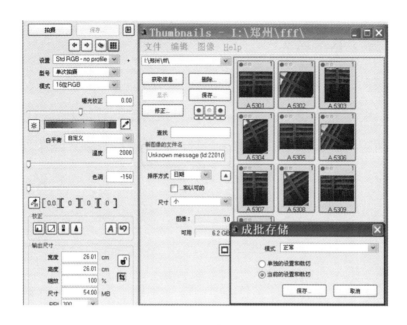

图 5 - 13 影像数据格式转换

2. 小影像镶嵌

小影像镶嵌是指利用导出的 TIFF 影像文件进行每架次飞行数据的区域影像拼接，通过区域影像拼接检查航摄是否有漏洞、飞行质量、航片旋偏角（可看出磁罗盘工作与设置的正确性）、影像质量估计（所获影像与曝光参数设置的一致性总结以及曝光参数设置的经验值总结）。小影像镶嵌示例如图 5 - 14。

图 5 - 14 小影像镶嵌检查航摄飞行质量

3. 影像畸变差改正

为了确保航空摄影测量的精度，首先要对获取的影像进行畸变差改正，改正前首先要获取每台摄影机的畸变参数。SWDC 的每个子摄影机首先要完成连接加固、无穷远对焦固定主距，然后进行镜头畸变参数测定。畸变差改正采用 10 个参数的 Australis 畸变模型，即

$$\Delta x = \Delta x_0 - \Delta f \times x/f + x \left(r^2 K_1 + r^4 K_2 + r^6 K_3\right) + \left(r^2 + 2x^2\right) P_1 + 2xy P_2 + x B_1 + y B_2$$

$$\Delta y = \Delta y_0 - \Delta f \times y/f + y \left(r^2 K_1 + r^4 K_2 + r^6 K_3\right) + 2xy P_1 + \left(r^2 + 2y^2\right) P_2$$

镜头畸变参数的测定是应用 Australis 软件对检校场拍摄影像进行光线束法平差计算实现的。

影像畸变改正为间接纠正计算过程，即先给定无畸变影像像素中心坐标，迭代解求得到畸变影像相应位置坐标，然后内插出该位置影像灰阶值。为了抵消摄影机根据其自身姿态对影像所做的自动旋转，畸变差改正之前，必须根据影像的旋转角度（0°、90°、180°、270°）进行分类并存放在不同的目录，然后进行畸变差改正得到无畸变且朝向正常的影像。畸变差改正必须选择摄影机检校结果文件（如"郑州检校_ Camera. txt"）、FlexColor 软件转换出来的影像数据文件名或存放目录（如"I：\ 郑州 \ TIFF16 \"）、影像旋转角度、像元尺寸，以及存放改正结果的文件夹（如"I：\ 郑州 \ TIFF12 \"）。若输入、输出文件名相同，并且设置"忽略已存在文件"选项，结果文件夹中已有的同名文件将被跳过。图 5－15 所示为畸变差改正软件输入对话框。影像畸变改正操作过程为参数输入和改正计算，如图 5－15 所示。

图 5－15 "影像畸变差改正"对话框

畸变差改正后的影像高宽尺寸与源影像一般不同，软件自动裁切最大有效范围，但主点总在像幅中心。如果旋转角度选择正确，输出影像应当消除了摄影机所做的旋转。

此外，若 FlexColor 软件转换结果为 16 bit 灰阶，畸变差改正后自动缩为 12 bit。

4. 影像匀光处理

SWDC 数字航摄仪由于所用摄影机视场角较大、光照不均等原因，所获取影像像幅内通常存在渐晕、色差等多种形式影像灰阶不均。SWDC 配套的匀光匀色软件 DUX 能较好地处理这些影像缺陷，其匀光处理效果如图 5－16 所示。

a.处理前　　　　　　　　　　　　　　　b.处理后

图 5－16　影像匀光处理效果

5. 虚拟中心投影影像拼接

SWDC－4 数字航摄仪包括四台哈苏高分辨率数码摄影机，为了适应传统航测作业，必须把这四台摄影机每次同时曝光的四个中心投影影像拼接成单个中心投影影像。影像拼接过程主要包括每个子影像的畸变差改正和四个子影像精确相对定位、色彩（灰阶值）平衡、纠正重采样、重叠区过渡拼接等处理，但在操作上这些处理合并为"虚拟中心投影拼接"一个步骤。

精确相对定位是在起始相对方位的基础上，根据重叠区影像进行"环状航带"的光线束法平差。外视场拼接的四台子摄影机相对方位参数起始值通过平台检校计算得到。子摄影机连接固定到拼接架上后，同时拍摄检校场，然后用后方交会计算每个影像的外方位元素，并归化处理到四台摄影机平均方位的相对值。受温度、湿度、机械冲击、子摄影机之间微小的曝光同步差等因素影响，从平台检校到拍摄瞬间，四台子摄影机的相对方位已发生了微小变化，并且有可能影响到几个像元的位置，因此，必须对每一次曝光的四个影像进行单独的精确相对定位。其方法是，先应用数字影像匹配技术自动寻找四个影像重叠区的同名像点，然后进行约束条件（每个方位向量的累加值等于零）的光线束法平差计算，从而得到精确相对方位。

由于各子摄影机性能的差异，同时拍摄的四个子影像存在微小的色差，通过重叠区域的同名影像，可以近似（从视角上）消除这些差异。其方法是，首先求出重叠区域各自影像的灰阶统计数值，然后给每个子影像构造一个灰阶映射表，使经过此表映射后的重叠区域影像色彩近似相同。在实际处理时，把映射过程与后面的纠正重采样结合在一起。

纠正重采样是先把精确相对定位后的四个子影像投影到地面覆盖的平均平面，然后再从该平面投影到虚拟中心投影影像的像平面。

虽然四个子影像经过色彩平衡后整体色差已经很小，但重叠区域内仍存在局部细节差异。为了减小单个中心投影影像内的"拼接痕迹"，拼接时重叠区域内的色彩采用逐步过渡处理，图 5 - 17 所示为拼接前后的影像实例。

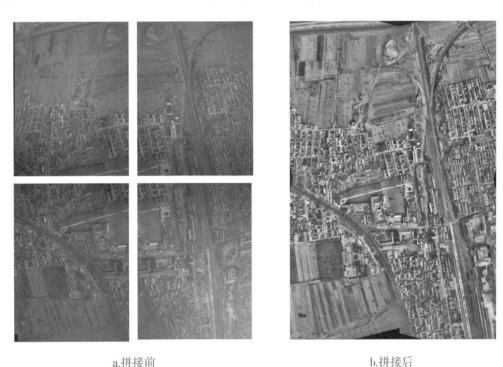

a.拼接前   b.拼接后

图 5 - 17 虚拟影像拼接实例

6. 测区影像匀色处理

为了尽可能保持整个测区影像色彩的协调一致，虚拟中心投影影像拼接完成后，还需进行测区影像的匀色处理。DUX 软件的 Unifier 模块可用于此目的。

Unifier 模块的基本功能是，采用近似于 Photoshop 软件的曲线调整方式调整单帧影像的颜色、亮度、反差，以航带为单位通过自动寻找相邻影像重叠区域进行色彩一致调整。如果飞行质量较好，航带之间的影像色彩也能通过虚拟的"旁向航带"进行自动调整。

7. 索引图制作

为了影像查找方便和航摄质量评价，需要制作摄区概略影像镶嵌图。SWDC 配套的 ImaMosaic 程序可用于数字航摄影像的概略镶嵌。

首先，把所有航摄影像重采样为行列数分别在 300～500 之间的小影像并注记片号（运行 Annotator）。如果航摄曝光时记录了 GPS 坐标，准备一个文本文件，其中每一行依次为影像文件名（不含目录和扩展名）、摄站横坐标和纵坐标以及空格间隔，这些数据可用于 ImaMosaic 的"摄站点坐标方式"插入命令。另外，必须制作一个带 TFW 格式文件的摄区小比例尺 DLG（Digital Line Graphic，数字线划地图）影像（如果没有旧图，但有摄站坐标，此影像可以为空白图）作为镶嵌底图。

然后，启动 ImaMosaic 程序，指定底图文件，选择适当的航片镶嵌命令插入重采样后的所有航摄小影像，如图 5 - 18 所示。

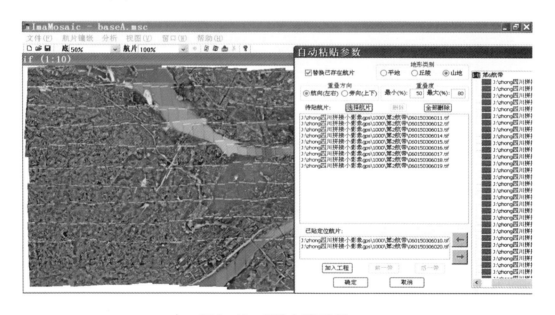

图 5 - 18   影像索引图制作

如果影像以真实航带为镶嵌航带，ImaMosaic 程序能对镶嵌影像进行重叠分析计算，并可选择显示分析结果，还可以输出文本供参考。对于重叠率、旋偏角等指标在阈值附近的影像，应当手工叠合分析判断是否真正存在质量问题。

最后，ImaMosaic 程序可镶嵌全部影像成为单个 TIFF 影像文件，再用其他软件（如 MapInfo 软件、Photoshop 软件）添加少量注释作为影像索引图。

5.4 外业像控测量的实施

在数字航空摄影测量作业过程中，目前还有一个必不可少的环节就是像片控制测量，简称像控测量。野外像控测量是在测区内实地测量一些航空像片上特定位置的明显地物点的平面坐标和高程，从而实现将区域网纳入到国家或者地方坐标系当中，抑制误差的传播和累积的目的。随着 GPS 定位技术在空中三角测量中的广泛应用，区域网平差所需的像控点数量已经大大减少，减少了大量的外业劳动，但在现行的 GPS 辅助空中三角测量中，施测一定数量的地面控制点通常是必需的。本节主要介绍基于 GPS 定位技术的外业像控测量实施方案及流程。

5.4.1 野外像控测量的主要实施方案

传统的空中三角测量作业方法可以分为两个主要过程：首先是数据准备，包括像片连接点转点、像点坐标量测、坐标归化和系统误差预改正；然后是数据处理，一般为摄影测量区域网平差。在平差过程中，通常利用足够数量的地面控制点将空中三角测量网纳入到规定的地面坐标系中，主要是进行模型网的绝对定向和系统误差改正。研究发现，当摄影测量区域网平差方法给定、区域几何条件给定、连接点数量给定和像点坐标观测值精度已知后，区域网加密的精度最终取决于地面控制点的数量和分布。

在 GPS 辅助空中三角测量出现前，为了得到最好的加密精度，必须在区域网的四周平均每隔 2 条基线布设 1 个平高地面控制点，在区域网的中央平均每隔 4 条基线布设 1 个高程地面控制点，并且均布设成锁网状，称为密周边布点的地面控制方案，如图 5-19所示。显然，对于这种地面控制方案来讲，当区域网较大时，所需的地面控制点一定是相当多的，特别是在仪器条件不允许且测区地形复杂的地方，这样的施测方案几乎不可能得到满足。

在 GPS 辅助空中三角测量出现以后，科研人员经过大量的实践和研究发现，将利

图 5 – 19　像控点布设方案 I

注：　▲表示平高地面控制点；　●表示高程地面控制点。

用 GPS 机获取的摄站点坐标参与区域网平差的条件下，所需地面控制点的数量可以大大减少。目前，国际上通用的地面像控施测方案主要有两种：一种是先在区域的四角布设 4 个平高地面控制点，再在区域两端布设两排高程地面控制点，如图 5 – 20 所示；另外一种是在四角布设 4 个平高地面控制点的情况下，在测区两端加设两条垂直构架航线，如图 5 – 21 所示。

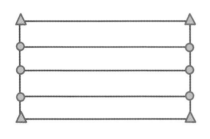

图 5 – 20　像控点布设方案 II

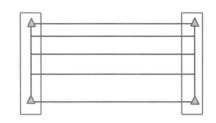

图 5 – 21　像控点布设方案 III

从上边两种地面控制点的布设方案可以看出，相对于原来的空中三角测量来说，GPS 辅助空中三角测量所需的地面控制点大大减少。另外，随着 GPS 定位技术在像控测量中的广泛应用，逐渐取代了导线测量、水准测量等常规的像控点测量方法，使像控点的测量过程得到了进一步的简化，这对于缩短航测成图周期、减少或免除在困难地区或人员不可能到达地区的航测外业工作具有极为重要的意义。基于这样的现状，本节所有像控点的测量方案都采用了在测区两端布设两排平高点作为控制点，在测区中央布设一排平高点作为检查点的测量方案，如图 5 – 22 所示。

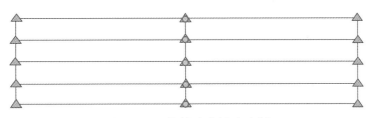

图 5-22　像控点布设方案 Ⅳ

注：▲表示平高地面控制点；▲表示平高地面检查点。

5.4.2　基于 GPS 定位技术的像控测量施测方法

目前，GPS 定位技术已经广泛应用到了诸多测绘领域，像控点的测量也不例外。利用 GPS 进行像控测量可以大幅度地提高像控点的测量精度，并且无论从时间上、经济效益上、作业人员的劳动强度等方面均远远优于常规测量，省去了在建筑物密集的城市当中进行导线测量的烦琐工作，节省了大量的工作时间，保证了以最快的速度满足用户用图的需要，从而极大提高了工作效率。目前，在多数生产单位进行像控点测量的方法基本可以划分为经典静态测量、快速静态测量以及 RTK（Real – Time Kinematic，实时动态差分）测量三种，尤其以 RTK 测量为主，本节中的像控测量全部采用了 RTK 测量的方法。本节将在介绍这几种基本的 GPS 定位方法的基础上，提出另外一种利用 GPS 来进行像控测量的新方法，即采用精密单点定位的方法来进行像控测量，希望这种方法在某些地面控制点稀少或者施测比较困难的地区有适当的应用。

1. GPS 静态相对定位进行像控测量

GPS 技术在大地测量领域中应用，其作业方式主要是差分 GPS，这种方式不需考虑复杂的误差模型，解算模型简单、待估参数少、定位精度高，同时利用了双差模糊度的整数特征，因而得到广泛使用。其不足之处在于：作业时至少需要一台接收机置于基准站上连续观测，影响了作业效率，提高了作业成本；随着用户站与基准站距离的增加，对流层延迟、电离层延迟等误差的相关性减弱，为达到预期精度，必须相应延长观测时间，一般为 1 h 左右，在作业条件差的情况下甚至更长。

采用差分 GPS 定位进行像控测量，其明显的缺点在于耗费时间较长，效率较低。为了解决这个问题，继经典的静态相对定位之后又提出了快速静态定位进行像控测量的方法。其基本方法是在测区的中部选择一个基准站，并安置一台接收机，依次到各点流动设站，并静止观测数分钟，然后按快速解算整周未知数的方法解算整周未知数。观测中必须至少跟踪 4 颗卫星，接收机在流动站之间移动时，不必保持对所测卫星的连续跟踪，可关闭电源。GPS 快速静态定位具有精度高、成本低、速度快、测量成果可靠及实际操作灵活简便等优点，但是它作业范围较小，由于诸多误差都随距离的增大而使相关性减弱，以致不能正确地解算整周模糊度。

利用 GPS 静态测量或者快速静态测量技术进行像控点测量的一般作业流程包括测前准备、外业观测、基线向量解算及精度分析、网平差及精度分析、GPS 高程拟合等。相关参考文献对应的实践表明，利用 GPS 静态定位的方法实施像控点的测量是可行的、经济的，与常规的像控点联测方法相比具有极大的优越性。

2. RTK 测量技术进行像控测量的方法

基于静态 GPS 定位的像控测量方案，在测量精度上能够满足不同比例尺成图的精度需要，但是在实际的外业操作过程中存在如下两个问题：一是作业过程相对烦琐，如上所述，需要经过比较复杂的计算过程，外业需要较长的时间，效率相对较低；二是静态测量需要在一些明显地物点上进行架站，这在实际的外业测量过程中往往是比较困难的。为了解决这些问题，基于 RTK 测量技术的像控测量实施方法目前得到了广泛的应用。

RTK 测量技术的基本方法和原理是将一台 GPS 接收机设置成参考站，架设在基准站上进行观测。根据基准站已知的精确坐标，计算出基准站到卫星的距离改正数，并由基准站的专用电台实时地将这一改正数发送出去，流动站在进行 GPS 观测的同时接收到基准站的坐标转换参数，并对其实时定位的结果进行改正，从而提高定位精度。采用这种方法进行像控测量时，每个像控点的测量时间只需要几秒钟的时间，并且能够即时地得到测量结果。另外，流动站测量主要对中杆进行测量，对施测的明显地物点的位置没有要求，可以在房顶拐角等不能架站的地方进行测量，从而使测量效率得到极大提高。

采用 RTK 技术进行像控测量时，要在测量前首先求解出测区内 WGS – 84 坐标和目标坐标系之间的转换参数，参数的求解可采用七参数转换的方法，至少需要测区内三个以上已知点的 WGS – 84 坐标和地方坐标。本节的像控点测量均采用了 RTK 测量的方法，试验区所有的 GPS 辅助光线束法区域网平差结果表明，基于 RTK 技术的像控测量实施方案能够满足各种大比例尺成图的精度需要。

综上所述，RTK 技术在像控测量中大大提高了工作效率，节省了人力和物力，而且测量人员可以随时观察到测量的结果以及质量，解决了 GPS 静态观测周期长和因基线不通过而返工的麻烦。但相对于静态定位来讲，其精度和可靠性都稍差一些，另外对观测环境有一定的要求，例如在山区或者一些建筑物密集区，经常会出现数据链连不上而导致定位失败的现象。

3. 利用 PPP 技术进行像控测量

通过上面的叙述可以看出，利用 GPS 技术进行像控测量相对于常规的平面和高程分别布网的方法，其优势是显而易见的，并且大量的研究和实践表明，其定位结果在光线束法区域网平差中的应用也是有效的。近些年来，精密单点定位技术的出现为像控点的施测方法又添加了另外一种选择，其定位方式相对于经典静态来讲更加灵活，外业操作更加简便，通过有关参考文献的研究可以发现，PPP 技术可满足像控测量的实际需要，适用于控制点较少、地形较复杂的山区像控测量。

采用 PPP 技术进行像控测量，外业测量时，只需要单台 GPS 接收机在某个明显地物点上进行一定时间的静态观测，然后结合从网上下载的精密星历和精密钟差即可求解出该点在 WGS – 84 坐标系下的空间坐标。当然我们如果要得到一定的地方坐标系下的成果的话，还要通过坐标转换的方法将 WGS – 84 坐标转换到地方坐标，其转换方法可参照七参数转换方法。

精密单点定位在像控测量中较静态定位或者 RTK 技术具有以下优势：一是外业作业更加简单，只需要单台 GPS 接收机即可进行作业，没有时间上的限制。二是点位精度比较均匀。在测区面积较大的情况下，前面所述的方法通常要分区施测，这将导致成果转化的时候不一致，存在某些系统误差，而精密单点定位与作业面积大小没有关系，成果只有一套转换参数，因此其精度是均匀的。三是运用精密单点定位法进行像控测量时，测站之间没有距离上的限制。

当然，基于精密单点定位的像控测量方法也存在一些不足，例如数据解算时一般要从网站上下载精密星历和精密钟差等产品，这往往有几天的时间延迟，另外就是对观测时间有所限制，这在一定程度上影响了作业效率。

5.4.3　GPS 像控测量中的高程转化问题研究

利用 GPS 定位技术进行像控测量时，一个不容忽视的问题就是高程的转化问题。众所周知，利用 GPS 接收机进行测量时，在 5～10 km 的范围内，GPS 测站间相对高差精度可以达到几毫米，但是该精度值是相对于数学表面——椭球面，而不是相对于正高的物理参考面——大地水准面。也就是，由 GPS 测量得到的成果为 WGS-84 坐标，而我们实际所需成果是属于某一国家坐标系，那么如何解决将 GPS 测量中求出的相对于椭球面大地高转化为相对于大地水准面水准高呢？目前来讲主要有两种方法：一种是利用大地水准面的模型进行改正，另一种则是利用若干个水准点进行高程拟合。

1. 利用大地水准面模型进行改正

将 GPS 所求得的大地高转化为正常高，比较常用的一种做法是在 GPS 数据解算的过程中加入大地水准面模型进行解算，这样的话，可以通过平差计算直接将大地高转化为正常高。目前 GPS 解算软件中常用的大地水准面模型为 EGM96 大地水准面模型，该模型是美国 NASA（National Aeronautics and Space Administration，国家航空航天局）公布的利用联合测量数据确定的全球重力场模型，其分辨率达 50 km，是当今位系数阶数最高的全球重力场模型。该模型用于我国区域时的精度与其全球整体精度估计相当，但是对于高等级高程测量来说此模型无法满足其精度要求。

陈俊勇院士和宁津生院士共同主持进行了精化中国大地水准面的研究，完成了中国新一代似大地水准面模型（简称 CQG2000 模型）的计算。该模型将重力似大地水准面纳入到我国的国家高程系统并且覆盖了包括中国海域在内的中国全部领土范围，总体精度达到了分米级水平，作为我国正常高程系统起算面的区域似大地水准面数值模型，它可在中小比例尺图中应用于由 GPS 测定正常高程。但是，在目前阶段，CQG2000 模型数据对普通工程单位还不太容易获得，对于一般工程来说，内插计算非常烦琐。

2. 利用高程拟合的方法进行改正

目前来讲，小范围内求解 GPS 大地高和正常高之间的差值时，比较有效的一种做法是采用高程拟合的方法。该方法是在测区内一定数量的水准点上进行 GPS 测量，获取这些点的 GPS 大地高，然后结合这些水准点的平面位置和高程进行高程拟合。当具有 3 个水准点时可做线性拟合，当具有 6 个以上的水准点时则可采用下列二次多项式进行拟合：

$$\Delta H = a_0 + a_1 x + a_2 y + a_3 xy + a_4 x^2 + a_5 y^2 \qquad (5-1)$$

式中　ΔH——测区内某水准点大地高和正常高的差值。

当已知测区内 6 个水准点的大地高和正常高之间的差值时，便可按照式（5-1）计算出多项式的各个系数，然后将待定点的平面位置代入式（5-1）即可求得测区内任意点的大地高和正常高的差值。当然，高程拟合所需的水准点应当均匀分布在测区的周边，以尽可能地避免外推和保证内插精度。

根据我国 GPS 高程拟合的经验，当水准点的间距在 20 ~ 30km 时，在平坦和小丘陵地区高程精度可达厘米级，在起伏大的山区可达到分米级，这样的精度完全能够满足航测外业控制点要求的精度。

5.4.4　基于 GPS 定位技术的地面像控测量实施方案

总的来讲，基于 GPS 定位技术的地面像控测量实施内容主要包括资料收集、地面控制网的布设与测量、转换参数的获取、RTK 测量以及高程拟合等几个关键环节，其实施流程如图 5-23 所示。

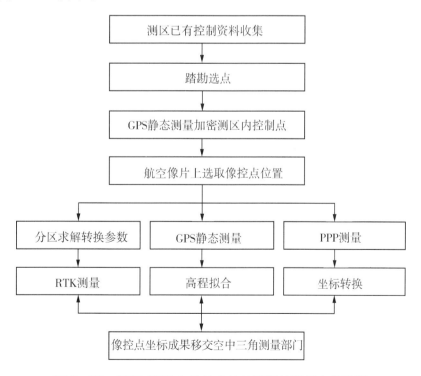

图 5-23　基于 GPS 定位技术的地面像控测量实施流程

5.5 GPS 辅助空中三角测量

空中三角测量是数字航空摄影测量当中极其重要的一个环节，其主要目的是利用测区少量的地面控制点（像控点）通过内业加密处理，使测区内每个立体像对都具有满足定向要求的地面控制点，从而为后续数字摄影测量工作站的数据处理奠定基础，其主要的数据成果是像片定向点大地坐标和像片的外方位元素。随着 GPS 定位技术的快速发展，GPS 也已广泛应用到了航空摄影及空中三角测量当中，将 GPS 所获取的摄站点坐标作为带权观测值引入光线束法区域网平差，可大大减少地面控制点的数量，节省大量的野外劳动，提高航空摄影测量的工作效率，称为 GPS 辅助空中三角测量。目前 GPS 辅助空中三角测量已经广泛应用到了数字航空摄影的实际生产作业当中。本节着重介绍 GPS 辅助空中三角测量的内业作业流程，其主要过程包括资料准备、内业加密点的选点观测、相对定向、解析空中三角测量平差计算、区域网接边、质量检查和成果整理与提交等主要技术环节，具体流程如图 5-24 所示。

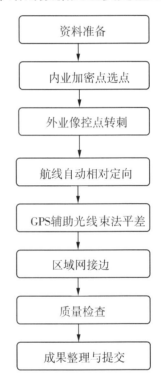

图 5-24 GPS 辅助空中三角测量工作流程

5.5.1 PBBA 空中三角测量数据处理

目前，国内主要的空中三角测量软件有武汉适普公司开发的 AAT 自动空中三角测量系统以及中国测绘科学院开发的 Geolord-AT 自动空中三角测量系统（原名为 PBBA，Program of Block Bundle Adjustment），是国家"863"项目数字摄影测量工作站 JX4A DPS 的子项目，于 1997 年通过国家"863"项目专家组验收，于 2001 年 12 月 21 日通过日本测量界权威机构——日本测量协会的检定。本节主要以 PBBA 自动空中三角测量软件为基础，介绍 GPS 辅助空中三角测量的主要流程。

Geolord – AT 自动空中三角测量软件由数字影像处理、框标量测内定向、加密点自动匹配、加密点人工修测、相对定向模型连接、旁向连接点自动转点、旁向连接点人工修测、多项式区域网整体平差、光线束法区域网整体平差、测区接边、加密成果最终检定等十几个模块组成，该软件结构紧凑、功能齐全、操作简单。该软件采用数字影像相关技术，自动化程度高、观测精度高、作业效率高。该软件采用全片密集布点、点位均匀分布方式，因而连接点多，构网力度强，有效降低了构网的系统误差，提高了加密精度和可靠性。该软件还具有很强的粗差检测功能，能对各种类型的粗差进行实时检测、定位、实时修测。该软件一环扣一环，构成一个完整的数字自动空中三角测量体系，是目前世界上少数几套集自动采集数据、整体平差一体化的自动空中三角测量软件之一，数据处理流程如图 5 – 25 所示。

一般来讲，GPS 辅助空中三角测量的主要作业内容包括以下几项：

1. 资料准备

基于 SWDC 的 GPS 辅助空中三角测量的资料准备主要包括以下几个部分：像片索引图，拼接后的数字航空影像，航摄仪检定表（航摄仪技术参数资料），飞行记录资料（主要包括航摄飞行报告以及摄站点坐标数据等），测区内现有小比例尺地形图，区域网外业像片控制点点位略图，区域网外业像片控制点成果表，区域网外业像片控制点刺点片等。

2. 内业加密点的选点观测

加密点的选点观测是解析空中三角测量工作的中心环节，一般在空中三角测量软件中进行操作。在选点过程中，根据相应规范的要求应注意以下几个方面的问题：

（1）每个像对不应少于 6 个内业加密点。

（2）在像片条件允许的情况下，应确保标准点位 1、2、3、4、5、6 都要有加密点。

（3）加密点距离像片边缘不应小于 1 ~ 1.5cm。

（4）相邻像对、相邻航带和相邻区域网间的同名公共点均要转刺；当航向和旁向重叠度过大时，隔像对、隔航带的同名公共点也要转刺。

（5）自由图边的加密点应选在图廓线以外。

（6）可根据质量检查的需要适当选取加密点。

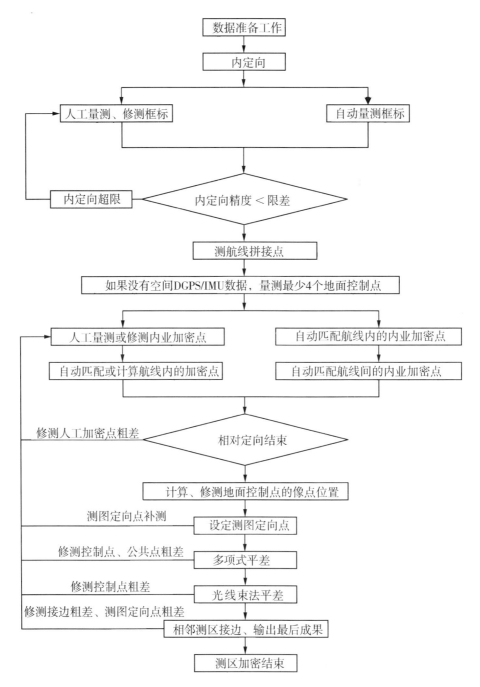

图 5-25　基于 PBBA 的空中三角测量作业流程

3. 相对定向

相对定向是解析空中三角测量的主要环节，主要包括单模型的相对定向以及单一航带模型连接等关键步骤。目前空中三角测量软件基本上均可借助影像匹配技术来自动完成。相对定向完成后，要注意检查所有内业加密点的选点结果是否满足相对定向的限差要求。

（1）内业加密点残余上下视差 Δq

内业加密点残余上下视差 Δq 是衡量相对定向精度的主要指标之一。采用 PBBA 进行空中三角测量内业作业时，Δq 为 0.008 ~ 0.02 mm；相对定向选点点位分布间隔为 0.8 ~ 1 mm；像对间正常的相对定向点数不少于 500 点且中误差介于 3.6 ~ 9 μm 之间。

（2）同一航带模型连接限差 ΔS、ΔZ

同一航带模型连接限差 ΔS、ΔZ 是衡量加密点选点和像点坐标量测精度的指标，也是衡量相对定向精度的指标之一。ΔS 为平面位置较差限差，单位为 m；ΔZ 为高程较差限差，单位为 m。

模型连接限差按式（5-2）、式（5-3）进行计算：

$$\Delta S \leqslant 0.06 \times M_{像} \times 0.01 \qquad\qquad (5-2)$$

$$\Delta Z = 0.04 \times \frac{M_{像} \times f \times 0.001}{b} \qquad\qquad (5-3)$$

式中　$M_{像}$——像片比例尺分母；

　　　f——航摄仪焦距，单位为 mm；

　　　b——像片基线长度，单位为 mm。

4. GPS 辅助光线束法区域网平差计算

GPS 辅助光线束法区域网平差计算的主要工作内容是绝对定向及航带间同名点连接和模型连接等，实际工作中应重点掌握摄站点坐标参与光线束法区域网平差的方法和精度要求两个方面。

所谓 GPS 辅助光线束法区域网平差，是指将 GPS 摄站点坐标作为带权观测值进行光线束法区域网平差，其结果可以提高平差结果的精度，并大量地减少地面控制点的需求量。在实际作业过程中，要注意当所需要的平差结果为地方坐标系时，需要将 GPS 摄站点坐标转化为地方坐标系下的坐标。另外，在平差前要注意平差参数的选择，例如漂移参数、GPS 摄站点坐标权重、附加参数个数以及天线分量等选择，需要根据实际情况进行输入。

GPS 辅助光线束法区域网平差计算后，其主要的精度要求包括以下三项内容：

（1）基本定向点残差

区域网内基本定向点残差是衡量区域网定向精度的重要指标。一般情况下，基本定向点残差不大于加密点中误差的 0.75 倍，具体各项限差指标可参照《1：500　1：1 000　1：2 000 地形图航空摄影测量内业规范》（GB/T 7930—2008）。

（2）区域网内多余控制点（检查点）不符值

区域网内多余控制点（检查点）不符值是衡量区域网解析空中三角测量成果精度的主要指标。一般情况下，多余控制点不符值不大于加密点中误差的 1.25 倍，具体各项限差指标可参照《1：500　1：1 000　1：2 000 地形图航空摄影测量内业规范》（GB/T 7930—2008）。

（3）相邻航带间同名公共点坐标较差（光线束法平差无此指标）

采用航带区域网法平差时，同一区域网内相邻航带间同名公共点坐标较差是衡量不同航带同名点转刺和像点坐标量测精度的主要指标之一，也是衡量区域网加密精度的指标之一。一般情况下，区域网内相邻航带间同名公共点坐标较差应不大于同一航带模型连接限差的 $\sqrt{2}$ 倍。

5. 区域网接边

（1）同比例尺、同地形类别区域网之间的公共点，接边时，平面和高程较差可参照《1：500　1：1 000　1：2 000 地形图航空摄影测量内业规范》（GB/T 7930—2008）中的规定。

（2）同比例尺、不同地形类别区域网之间的公共点接边时，平面位置较差不应大于图上 1.4 mm，最大不得超过图上 1.75 mm。高程较差不应大于两种地形类别加密点高程中误差之和，最大不得超过和的 1.25 倍。将实际较差按中误差的比例进行配赋作为最后使用值。

（3）不同比例尺区域网接边时，平面位置较差不应大于两种比例尺加密点中误差（换算成实地值）之和的 1.25 倍。将实际较差按中误差的实地值的比例进行配赋作为最后使用值。

5.5.2　空中三角测量的质量检查及成果提交

1. 空中三角测量成果的质量检查

（1）外业控制点和检查点成果使用正确性检查

检查区域网基本定向点的平面和高程坐标值是否正确，多余控制点的平面和高程坐标值是否正确，是否有被遗漏未用的外业像片控制点。

（2）航摄仪检定参数与航摄参数检查

检查航摄仪参数使用得是否正确，如像片坐标系使用是否正确、框标坐标值输入是否正确、航摄仪焦距使用是否正确、航摄仪镜头自准轴主点坐标输入是否正确、航摄仪镜头对称畸变差测定值输入是否正确、各航带航空摄影飞行方向标志输入是否正确等。

（3）各项平差计算的精度检查

该检查主要是对内定向、相对定向、绝对定向和区域网接边等精度进行检查。

（4）提交成果完整性检查

检查用户或下工序需要的成果是否齐全、完整。

2. 空中三角测量的成果整理与提交

一般以测区为单位，以区域网为成果单元进行统一整理，应包括以下基本内容：

（1）观测与平差计算成果数据文件

1）起算数据文件（主要包括航摄仪参数设置文件、野外控制点大地坐标文件）。

2）像点坐标原始观测文件。

3）整体平差（包含区域网接边）后的像点大地坐标文件。

4）区域网外方位元素文件。

（2）精度评定文件

1）内定向和相对定向精度评定。

2）同一航带模型连接精度评定。

3）相邻航带同名像点坐标值较差。

4）基本控制点残差。

5）多余控制点较差。

6）相邻区域网间同名公共点坐标较差。

（3）辅助成果

解析空中三角测量辅助成果的要求视用户的具体要求而定，但应包括以下 3 项最基本内容：

1）测区区域网分区图（含测区成图结合表、野外控制点分布、区域网的划分等内容）。

2）区域网略图（该区域网内有多少航片及其排列，区域网内基本控制点和多余控制点点数及控制点在哪些航片上观测过等信息）。

3）解析空中三角测量成果检查报告和技术总结。

5.6 基于数字摄影测量工作站的数字产品制作

数字航空影像获取后，基于空中三角测量的成果可进行各种数字产品的制作。数字航空摄影测量各种数字产品的制作主要基于全数字摄影测量系统来完成。目前，国内数字摄影测量工作站主要有中国测绘科学研究院的 JX4 全数字摄影测量工作站以及武汉适普公司的 VirtuoZo 全数字摄影测量工作站，其主要的数字产品制作流程如图 5-26 所示。

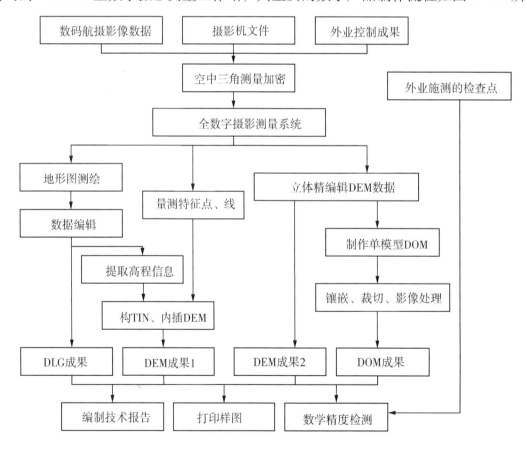

图 5-26 基于数字摄影测量工作站的数字产品制作流程

5.6.1 数字摄影测量工作站

JX4 系统是结合生产单位的作业经验，开发的一套半自动化的微机数字摄影测量工作站。该工作站主要用于各种比例尺的数字高程模型 DEM、数字正射影像图 DOM、数字线划图 DLG 生产，是一套实用性强、人机交互功能好、有很强的产品质量控制的数字摄影测量工作站，如图 5－27 所示。

图 5－27　JX4 数字摄影测量工作站

5.6.2 基于数字摄影测量工作站的数字产品制作流程

基于 JX4 系统的数字摄影测量工作站的工作流程，主要包括资料准备、立体像对定向建模、立体测图、外业调绘与补测、图形编辑与接边、质量检查、数据整理与提交等技术环节。

1. 资料准备

对按照"先外业调绘，后内业测图"技术路线的航空摄影测量立体测图的资料准备主要包括：

（1）技术设计。

（2）解析空中三角测量成果准备。

（3）量测用相关原始航片扫描数据。

（4）测区较小比例尺地形图。

（5）像片外业调绘片。一般给外业提供与测图相同比例尺的数字正射影像图，以方便外业的补测和补调。

（6）上工序检查验收报告。

2. 立体像对定向建模

在数字摄影测量工作站进行作业时，首先要完成立体像对的定向建模，然后才能基于生成的立体模型进行数字化测图。立体像对的定向建模主要包括内定向、相对定向及绝对定向等各个步骤，具体要求如下：

（1）像片内定向

用框标坐标量测误差来衡量其精度是否满足要求，一般像片框标坐标量测误差不应大于 0.02 mm。

（2）像对相对定向

用各定向点的残余上下视差来衡量其精度是否满足要求。一般相对定向完成后定向点的残余上下视差不应大于 0.008 mm。

（3）像对绝对定向

用定向点平面、高程坐标的定向误差来衡量其精度是否满足要求。绝对定向的定向点平面坐标误差，平地和丘陵地一般不大于 $0.000\,2M$（m）（M 为成图比例尺分母），山地和高山地一般不大于 $0.000\,3M$（m）。对于绝对定向的定向点高程坐标误差，平地和丘陵地全野外布点不应大于 0.2 m，其余不应超过加密点高程中误差的 0.75 倍。

3. 立体测图

采用先内业判读测图后外业对照、补测和补调方法时注意以下几点：

（1）航摄像片必须满足现实性要求，否则后期外业补测的工作量很大。

（2）必要时需给外业提供与测图相同比例尺的数字正射影像图，以方便外业的补测和补调。

（3）内业应对所有能够观测到的地物和地貌进行测绘，并且不要综合取舍，以确保外业补测、补调有足够的参考点。

（4）根据背景资料情况和相关国家规范的规定，在平坦地区 1∶2 000 比例尺地形图测绘中，如果采用航测内业立体测图的技术方法完成高程注记点和等高线的测绘，则要求像对的所有定向点的高程成果均由全野外调绘后测图的方法获取。

4. 外业调绘与补测

对"先内业测图，后外业调绘"技术路线的外业调绘与补测的主要内容包括：

（1）调绘所有地物的性质，如楼层、电线杆类型、植被、地名、街道名称、单位名称等。

（2）调绘相关地物的改正信息，如屋檐改正、量测田坎的高度等。

（3）对航测内业无法量测到的地物进行实地补测，如电线杆、市政设施等。

（4）对航空摄影后出现的新增地物进行实地补测。

（5）对平坦地区进行全野外高程注记点和等高线测绘。

（6）对被阴影遮盖和航摄后新增的地物进行补测时，对需补调面积较大的地物、新增的地物以及航摄后变化的地形地貌补调时，宜采用全野外数字测图的技术方法进行补测。对航摄后拆除的建筑物，应在像片上用红色"X"符号划掉，范围较大的应加注说明。

5. 图形编辑与接边

图形编辑工作在相关规范中都有不同的规定。对于立体测图地图制图要求的图形编辑，其中外业调绘与补测的成果是图形编辑的主要依据之一。图形编辑主要是针对地形地物要素进行的，其基本的技术要求如下：

（1）居民地

1）根据外业调绘成果，对所有需要进行屋檐改正建筑物进行改正。

2）确保每一个房屋（包括综合表示的居民地）的轮廓线要严格闭合。

3）按照规范，正确处理好建筑物（包括综合表示的居民地）与道路、陡坎、斜坡、水涯线等地形地物的关系。

（2）点状地物

1）在一个坐标位置上不得出现两个以上（含两个）的点状地物。

2）当两个点状地物相距很近，同时绘出有困难时，可将相对高大突出的准确表示，另一个可移位 0.2 mm 表示，但应保持相互的位置关系。

3）当点状地物与房屋、道路、水系等其他地物重合时，可中断其他地物符号，间隔 0.2 mm，以保持独立符号的完整性。

（3）交通设施

1）双线道路与房屋、围墙等高出地面的建筑物边线重合时，可以建筑物边线代替道路边线，道路边线与建筑物的接头处应间隔 0.2 mm。

2）铁路与道路水平相交时，铁路符号不中断，将道路符号中断；不在同一水平面相交时，道路的交叉处应绘以相应的桥梁符号。

3）公路路堤（堑）应分别绘出路边线与堤（堑）边线；两者相距很近，同时绘出有困难时，可将其中之一移动 0.2 mm。

（4）管线

1）城市建筑区内电力线、通信线可不连接，但应绘出连线方向。

2）同一杆架上有多种线路时，表示其中主要的线路，但各种线路走向应连贯，线类要分明。

（5）水系

1）河流遇桥梁、水坝、水闸等应中断。

2）水涯线与陡坎重合时，可用陡坎边线代替水涯线；水涯线与斜坡脚重合时，仍应在坡脚将水涯线绘出。

（6）境界

1）凡绘制有国界线的地图，必须按国家有关规定执行。

2）境界线的转角处不得有间断，应在转角上绘出点或曲线、直线。

3）以线状地物一侧为界时，境界线应离线状地物 0.2 mm 按图式绘制；以线状地物中心为界且不能在线状符号中心绘出境界线时，可沿两侧每隔 3~5 cm 交错绘出 3~4 节符号。但在境界相交或明显拐弯及图廓处，境界符号不应省略，以明确走向和位置。

（7）等高线

1）等高线遇到房屋及其他建筑物（如双线道路、路堤、路堑、坑穴、陡坎、斜坡、湖泊、双线渠、水库、池塘以及注记等）均应中断。

2）当等高线的坡向不能判别时，应加绘示坡线。

（8）植被

1）对于同一地类界范围内的植被，其符号可均匀配置；同一地类界范围内有两种以上植被时，其符号可按实际情况配置。

2）地类界与地面上有实物的线状符号重合时，可省略不绘；与地面无实物的线状符号重合时，将地类界移位 0.2 mm 绘出。

（9）注记

1）文字注记要使所表示的地物能被明确判读，字头朝北；对于道路、河流名称，可随线状弯曲的方向排列，名字侧边或底边应垂直或平行于线状地物。

2）文字之间最小间隔应为 0.5 mm，最大间隔不宜超过字体大小的 9 倍；高程注记一般注在点的右侧，距离点位 0.5 mm，注记时应避免压盖遮断主要地物和地形特征部分。

3）等高线注记字头应指向山顶或高地，字头不应指向图纸的下方；在地貌复杂的地方，应注意配置注记，以保持地貌的完整。

（10）接边

图幅间的接边应保证线状要素合理、完整、无缝连接。

5.6.3 数字产品的质量检查及成果提交

利用全数字摄影测量工作站所获取数字产品的质量检查主要包括空间参考系、位置精度、属性精度、完整性、逻辑一致性、表征质量和附件质量等七个方面的检查。

1. 空间参考系

空间参考系主要涉及大地基准、高程基准和地图投影三个方面。

（1）大地基准检查

检查采用的平面坐标系统是否符合要求。

（2）高程基准检查

检查采用的高程基准是否符合要求。

（3）地图投影检查

检查采用的地图投影各参数是否符合要求，地图分幅是否正确，内图廓信息是否完整正确。

2. 位置精度

位置精度主要涉及地形地物的平面精度和高程精度两个方面。

（1）平面精度检查

该检查主要包括平面位置中误差、控制点坐标、地物几何位移和矢量接边检查等。

（2）高程精度检查

该检查主要包括高程注记点高程中误差检查、等高线高程中误差检查、控制点高程和等高距检查等。

3. 属性精度

属性精度主要涉及分类代码（编码）和属性的正确性两个方面。

（1）分类代码检查

主要内容包括地形地物分类代码（编码）是否错漏、分类代码值是否接边。

（2）属性的正确性检查

主要内容包括基本属性和扩展属性是否错漏、属性填写是否完整、属性值是否接边。

4. 完整性

完整性主要涉及地图基本要素是否完整和地形地物要素内容是否遗漏两个方面。

（1）地图基本要素检查

主要检查外图廓信息是否完整正确。

（2）地形地物要素内容检查

主要检查地形地物要素是否遗漏。

5. 逻辑一致性

逻辑一致性主要涉及概念一致性、拓扑一致性和格式一致性三个方面。

（1）概念一致性检查

主要内容包括基本属性和扩展属性项定义（如字段名、字段类型、字符长度、顺序等）是否符合要求，数据层定义（如层数、层名、层要素等）是否符合要求。

（2）拓扑一致性检查

主要内容包括是否存在重复的要素，是否存在不合理、不重合情况，是否有不连续的线，面要素是否封闭等。

（3）格式一致性检查

主要内容包括数据文件命名、数据文件格式和数据存储等是否符合要求。

6. 表征质量

表征质量主要涉及几何表达、地理表达、符号、注记、整饰五个方面。

（1）几何表达检查

主要内容是几何图形的异常检查，如极小不合理面、极短不合理线、自相交线、线粘连等。

（2）地理表达检查

主要内容包括地形地物的综合取舍是否符合要求，地形地物间的关系处理是否得当，地物的方向特征是否正确（如河流方向、沟渠水流方向等）。

（3）符号、注记和整饰的检查

主要内容包括符号规格、制图标准、文字注记和内外图廓整饰等内容的检查。

7. 附件质量

附件质量主要涉及元数据文件、图历簿的完整性、正确性，以及成果检查资料的正确性和权威性。立体测图工序应提交的成果主要包括：地形图接合表，地形图数据文件（包括原始数据文件、编辑母线数据文件、编辑图形数据文件），回放地形图，元数据文件，检查（验收）报告和技术总结等。

5.7 小结

基于 SWDC 的数字航空摄影测量主要作业流程包括航线设计及航摄飞行、航摄质量检查、影像数据预处理、外业像控测量实施、GPS 辅助空中三角测量以及基于数字摄影测量工作站的各类数字产品制作等几个主要环节，在实际作业过程中要注意各项检查和检核的实施，确保数据生产的精度。SWDC 内置的航线设计软件、航摄质量检查软件、影像畸变改正及影像拼接软件、GPS 辅助空中三角测量以及与其数据链衔接完备的全数字摄影测量工作站，使 SWDC 构成了一套完整的国产化数字航空摄影测量系统，并在生产实践中得到广泛的应用。本章主要对 SWDC 在实际生产中的作业过程进行了总结。

6 主要结论与展望

目前本成果已帮助业界完成了近 70 万平方千米数字航空影像的获取任务，在国家 1∶500 ~ 1∶10 000 地形图测绘和国家基础地理信息快速获取与更新中发挥了巨大的作用，生产出大量数字线划地图、数字高程模型、数字正射影像等数字测绘产品，产生直接经济效益（包括航摄仪销售）40.4 亿元。本项目的技术成果已广泛应用于国土资源调查、应急救灾、城市规划、矿产资源勘探等领域，特别是在 2008 年汶川抗震救灾中，为国家及时进行灾情评估和救灾决策提供了技术支持，社会效益显著。

6.1 主要结论

本书以全数字航空摄影理论为基础，研究了数码航摄仪的几何标定理论与技术，多中心投影单中心化理论，多中心投影影像 1/5 像元级影像拼接技术以及数码航空摄影测量系统的集成技术，研制了飞行控制、内置检影电动旋像和稳定平台等多种辅助设备，生产出性能指标优于国外同类产品的大面阵数字航空摄影仪，并得出了如下结论：

1. 研究了大视场高精度几何标定理论

采用室外超大型、高精度、高密度检校场，摄影距离达到数码摄影机的超焦点距离之外，模拟航空摄影，对摄影机进行精密检校。通过严密的数学模型对影像实施畸变改正，可使普通摄影机的几何精度达到昂贵的专业量测摄影机水平。

2. 首创了大视场高精度几何标定技术

非量测摄影机镜头、CCD 后背等部件采用的是组合结构，若直接用于航空摄影，由于飞机震动，摄影机的内方位元素将产生严重漂移，获取的影像根本无法满足测绘的要求。本项目首先发明了非量测摄影机的整体稳固技术，设计制造了精密的摄影机稳固框架，将摄影机镜头、CCD 后背、机身等部件整体固定在稳固框架上，形成具有刚性结构的全新摄影机。摄影机具有高抗震性和稳定性，飞行前后，摄影机主距漂移小于 3 μm，像主点坐标漂移小于 2 μm。由此为摄影机的几个定标奠定了基础。

数字航空摄影摄影机标定时，定标场空间规模必须满足摄影机调焦至无限远时能够获取满幅清晰定标场影像的要求，并能模拟真实的航空摄影环境。本项目根据摄影机的成像幅面、摄影环境及标定精度，开创性地设计并首次建造了室外超大型三维几何标定场。首次采用自建的国内第一个室外超大（30 m × 50 m）、高精度（精度 2 mm）、高密度（间隔 1 ~ 2 m）检校场，在摄影距离达到 40 m 以上，在 35 mm、50 mm、80 mm 焦距摄影机的超焦点距离之外对摄影机进行精密检校。检校畸变残差仅为微米量级。经过改正和拼接后的影像除主距以外的内方位元素全部为 0。

3. 研究了多中心投影影像单中心化理论

为了解决多个摄影机组合形成大面阵式拍摄结构的技术难点，本项目发明了大面阵数字影像的多摄影机精密组合结构。将多台摄影机固定安置在圆形凹盘支架的内弧面上，确保多个镜头的投影中心严格共面，各子摄影机主光轴向内倾斜 28°，满足了虚拟中心影像生成和影像拼接的要求。

对获取的影像，用最小二乘法影像匹配算法，获得相邻影像重叠区域内均匀分布的多个同名点；利用像方同名的点坐标，运用只求角元素的后方交会理论，获取相邻像对的 9 个相对定向角元素；利用相对角元素，通过影像重采样，纠正为虚拟单中心投影影像。

4. 创立了多中心投影影像 1/5 像元级的影像拼接技术

本项目采用相对水平纠正数学模型，利用四台摄影机相互重叠区域内影像之间 6% ~ 10% 内部重叠，影像的色彩亮度和对比度具有高度相关性，把多个小面阵倾斜影像纠正到一个假定的水平像片坐标系内。基于创新研制出似光线束法区域网平差影像拼接算法，自动完成多个小面阵影像的色彩均衡和拼接，高可靠相关匹配求出近千个同名点，每点建立两个误差方程式，建立法方程求解 9 个未知数，反复迭代得到稳定解后，实现多中心投影影像的单中心化。虚拟中心投影影像的理论误差在地形高差为 1/10 航高的情况下，影像拼接精度高达 1/5 像元，在用于地形图测绘时，可以忽略不计，实现了由多个小面阵影像生成单一大面阵影像的技术突破。

5. 首次研制出高精度数字航空影像获取飞行控制器

应用测量型 GPS 实现航空摄影仪导航和自动曝光功能。以 10 Hz 频率接收 GPS 实时坐标，通过学习实时航迹坐标预测下一曝光时刻，克服 GPS 信号失锁等对作业稳定性的影响；通过计算实时航迹方向与规划航线夹角，以及当前位置与航线和下一曝光点距离，精确控制航摄仪自动定点曝光。应用本技术飞行方向曝光精度在国内首次达到 2 m，保证了按照作业计划进行航空摄影，实现了无摄影员作业模式。

开发了基于数字高程模型的航线设计软件，能够根据摄区地形高差自动分区、设计曝光位置、构建飞行航线；将设计数据置入 GPS 导航系统，根据导航信息，及时修正航向，实现了对飞行航线的精确控制。

6. 研制了新型云台稳定、内置检影、电动旋像等装置

相对传统胶片摄影机，基于重力的竖直摄影简易稳定平台的数字航空摄影仪，具有在整个作业过程中重心不发生变化的特点，一改普通航摄仪由专用陀螺稳定平台克服飞机姿态影响的工作模式，采用简易钩挂式重力平台结构，减弱了俯仰和侧滚的影响，实现航摄仪的竖直摄影。内置的检影器采用视频检影单元与成像单元的一体化安装设计，确保检影与摄影范围的一致性和对摄影方向的实时判断，配合电动旋像装置，使摄影倾角 <1°、旋偏角 <5°，实现了摄影机水平姿态与旋偏角的精准自动控制。

7. 创新研制出国内首台大面阵数字航空影像获取装备

它具有如下特点：

（1）实现大基高比数字航空摄影

基高比直接决定了航空摄影测量的高程精度，本装备在不降低影像地面分辨率的前提下，采用短焦距、大面阵航摄仪获取数字航空影像，使基高比最大可达 0.87，是国外同类产品的 2.5 倍。本航摄仪高程测量精度为（0.5 ~ 1）GSD，满足了大比例尺地形图测绘对高程精度的要求。

（2）首创可更换镜头技术

不同的测绘任务需要不同焦距的航摄仪，以便获取数字航空影像，而更换多拼摄影机镜头存在着如何保证子摄影机投影中心共面、子影像间重叠度不变等一系列技术难题。本项目发明了独特的可更换镜头技术，根据不同的测绘任务可选择 35 mm、50 mm、80 mm 三种焦距镜头获取数字航空影像。在采用短焦距时，像元较大，在相同的 GSD

条件下，和同类产品相比航高最低，适合飞行的天数多，在中小比例尺地形图测绘中优势极为明显。

（3）配套航空影像数据处理软件

基于并行运算技术，本项目开发了航摄质量检查、虚拟中心投影影像自动生成、影像裁剪、匀光匀色处理等高效完备的影像数据处理软件，能及时快速地完成数字航空影像的后处理。

SWDC 与 DMC、UCD、UCX 的主要性能指标对比结果如表 6 - 1 所示。

表 6 - 1　SWDC 与国际同类产品技术性能指标对比

指标	DMC	UCD	UCX	SWDC
摄影机选用	专业量测摄影机	专业量测摄影机	专业量测摄影机	非量测摄影机
高程精度	（2～3）GSD	（2～3）GSD	（2～3）GSD	（0.5～1）GSD
成像方式	外视场拼接的虚拟单中心画幅式投影	多镜头复合单中心画幅式投影	多镜头复合单中心画幅式投影	外视场拼接的虚拟单中心画幅式投影
分辨率（像素）	13 824×7 680	11 500×7 500	17 310×11 310	14 500×11 000
影像色彩	融合彩色	融合彩色	融合彩色	Bayer 真彩色
CCD 尺寸（μm）	12	9	6.0	6.8
焦距（mm）	120	100	100	35/50/80
视场角（°）	航向 42	航向 37	航向 37	航向 124/87/68
基高比（60% 重叠度）	0.31	0.27	0.27	0.87/0.59/0.37

该成果完全满足地形图测绘的需要，从根本上改变了我国中小比例尺地形图测绘主要依靠胶片摄影、大比例尺地形图主要依靠野外测绘的作业方式，减少野外工作量 70% 以上；解决了无人区、极其困难地区的地形图测绘难题；所研制的装备打破了数字航空影像获取完全依赖国外仪器设备的局面，是国内唯一产业化的数字航空影像获取装备，有效保障了国家基础测绘数据的安全；性能指标优于国外同类产品，特别是高程精度比国外同类航摄仪提高 3 倍，提升了我国航空摄影测量的技术水平。

6.2 展望

随着我国空域的不断开放，有望经过不长时间的努力，国家将放松 1 000 m 以下空域的管制。届时，航测队将装备国产高性能、低价位数码航摄仪，把航测外业延伸到空中，将实现手持 GPS 布地标、GPS 定点导航型航拍、自动相关软件检查航向和旁向漏洞、GPS 定点补拍、RTK 像控点测量，甚至连空中三角测量等工作均可在测区内一次完成，大大缩短了航测成图周期。这样可以总体上具备较大规模的数据获取能力，带动相关产业的兴起与发展，并在不需要国家巨额投资和单独立项的情况下形成产业，逐步纳入国家航空遥感体系框架，从而实现我国航空摄影测量真正由专业型向普及型转变。

本书的研究成果可以丰富大面阵数字航摄仪的原理与技术，为全国乃至世界大面阵航空摄影的发展做出贡献。

参考文献

［1］刘先林，段福洲，宫辉力．航空摄影科技发展成就与未来展望．前沿科学，2007
（3）：11－15．

［2］王留召．小型数字航空摄影测量系统（硕士学位论文）．昆明：昆明理工大学，
2006：5－29．

［3］李天子．基于JXDC44数码相机的近景工程摄影测量研究（硕士学位论文）．焦作：
河南理工大学，2006：33－46．

［4］郭辉．数码相机量测化及其在数码航空摄影测量中的研究与应用（硕士学位论文）．
焦作：河南理工大学，2006：11－15．

［5］李健，刘先林，刘凤德，等．SWDC－4大面阵数码航空相机拼接模型与立体测图精
度分析．测绘科学，2008，33（2）：104－106．

［6］李天子，郭辉．非量测数码相机的影像纠正．测绘通报，2006（10）：59－61．

［7］王留召，施昆，梁洪有，等．航摄数码图像纠正及实现．地矿测绘，2006，22
（4）：17－19．

［8］王留召，张建霞，王宝山．航空摄影测量数码相机检校场的建立．河南理工大学学
报：自然科学版，2006，25（1）：46－49．

［9］吴晓明，张震宇，路玲玲．基于数码影像的航空摄影测量．河南理工大学学报：自
然科学版，2007，26（6）：681－686．

［10］李峰，邓园园．一种手工进行航线设计的算法．测绘与空间地理信息，2007，30
（6）：156，157．

［11］王留召，张建霞，梁洪有．GPS辅助数字摄影测量．测绘与空间地理信息，2006，
29（4）：55－57．

［12］王留召，王甫红，梁洪有．GPS 精密单点定位在空中三角测量中的应用．测绘信息与工程，2007，32（6）：10 - 12.

［13］李峰，张捍卫，吴晓明，等．基于 GPS 差分技术的无控制点或少控制点航测精度分析．工程地球物理学报，2007，4（5）：516 - 519.

［14］吴晓明，李峰，程如岩．精密单点定位在 GPS 辅助航空摄影测量中的应用．地理空间信息，2007，5（5）：35 - 38.

［15］王留召，张建霞，王宝山．数码相机大比例尺测图应用试验．测绘科学，2006，31（4）：110，111.

［16］张建霞，王留召，王宝山．小型数码航空摄影测量应用初探．测绘科学，2006，31（6）：85，86.

［17］刘昌华，王成龙，刘先林．近地超轻型小数码航空摄影测量系统及其应用分析．河南理工大学学报：自然科学版，2007，26（5）：522 - 528.

［18］张建霞，张健雄，王宝山．数码低空摄影测量应用于大比例尺土地调查．测绘科学，2007，32（6）：79，80.

［19］李天子，郭辉，徐克科．近地超轻型飞机小数码航空摄影测量试验分析．测绘与空间地理信息，2006，29（4）：38 - 42.

［20］张建霞，王留召，刘先林，等．数字航空摄影测量的相机检校．测绘通报，2005（11）：41，42，62.

［21］段福洲．近地轻型数码航空摄影测量系统研究（博士学位论文）．北京：首都师范大学，2007：41 - 43.

［22］乔瑞亭，孙和利，李欣．摄影与空中摄影学．武汉：武汉大学出版社，2008.

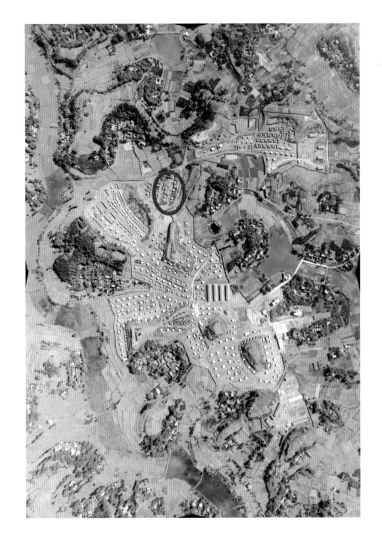

简阳

地点：四川省简阳市

相对航高：1 350 m

地面采样间隔：15 cm

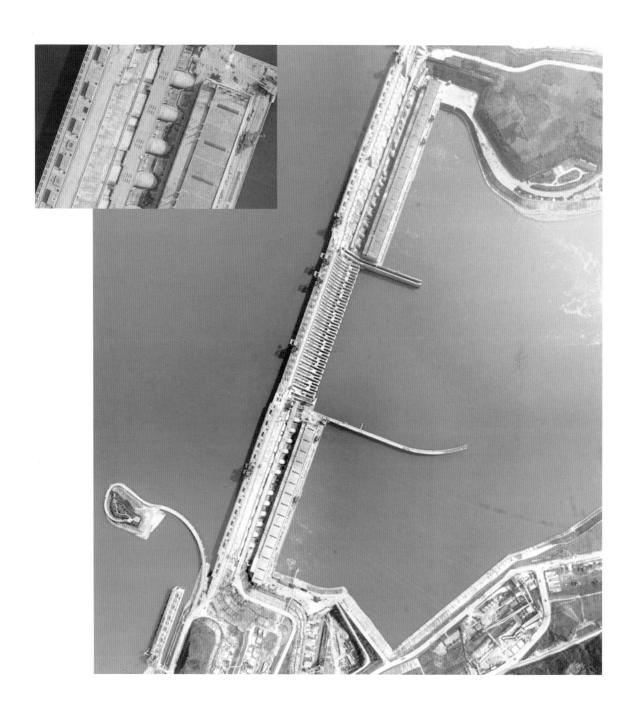

长江三峡大坝
地点：湖北省宜昌市
相对航高：1 500 m
地面采样间隔：18 cm